U0134343

Vision

Vision

Vision

Vision

從夢想到成功創業的路上

成功, 與高手同行

Taiwan's
Hidden
Champions

○ → ∞

中小企業信用保證基金——著

攝影・林新旺

傳遞夢想的種子

您想創業嗎？或是您正在經營企業？期待透過本書創業者的現身說法，對您有所助益！

做喜歡做的事，讓喜歡的事更有價值，最終變成自己的事業，是一件非常棒的事──書中許多創業者的夢想即源自於此。而創業之後如何面對問題，如何以堅強的毅力勇闖創業路，如何以果決縝密的思考及精明敏捷的判斷克服難關、跨越困境、成就夢想，都是創業者必須面對的功課。

然而，創業者即使曾經輸到一無所有，他都不會回到原點。因為他所經歷過的事情，足以重新建構一個人的價值觀；淬鍊後的創業精神，就是他東山再起的本錢。面對詭譎多變的環境，創業者必然會經歷許多的起起落落，但在遭遇逆境時，堅持信念、付出努力與熱忱，不斷地前進與創新，使他們邁向成功。

在人生低潮時走進書店，總希望能在書架上找到一本療癒自己的書，書中的故事能讓閱讀的人知道自己並不孤單、眼前的困難也曾有人經歷過。希望讓更多人看見創業者們實踐夢想的過程與心得，書中收錄了十五位創業者的創業經歷，就像用縮時攝影機，拍攝一部部動人的縮時影片，濃縮了他們數十年來所歷練、付出並堅持的成果，與您分享他們一路走來所得到的經驗與心得。

本書分為〈初心，單純的力量〉、〈無畏，勇敢走下去〉、〈創新，永不停息的開拓〉及〈蛻變，成為最美麗的蝴蝶〉四個章節，您可以依序跟著書中高手們的腳步前進，或是從中挑選您喜愛的故事，細細品味其中的苦樂。

期望這本書可以傳遞夢想的種子，帶給您圓夢的信心及堅持前進的力量！

中小企業信用保證基金

Chapter3　創新，永不停息的開拓
Innovation distinguishes between a leader and a follower.

創新是企業的靈魂，掙脫既有的框架，用不同的角度、方法看
待事情，為所有人帶來更美好的生活。

Chapter4　蛻變，成為最美麗的蝴蝶
Adversity is a good discipline.

生命的歷程中，總有挫折或磨難，勇敢地挑戰自我，不斷地脫
胎換骨，終能飛越艱困的河流，抵達想望之地。

Chapter 1

初心,單純的力量

當面臨抉擇舉棋不定時,回想初衷;當遇到困境時,勇敢面對。立定目標後全心全意投入,不屈不撓的毅力,可以讓我們一步步地築夢踏實。

2010

壯佳果股份有限公司

榮獲

第二屆全國優良
速食餐飲金質獎

續優廠商獎

台灣速食餐飲協會
理事長 葉益芳

中華民國九十九年元月十四日
Taiwan Beverage & Fast food Association

接下風光不再的工廠，
產品利潤雖薄，
仍是有所為有所不為地做了四十四年。
堅持採用高成本原料製作生產，
只因身土不二，
應與地球互惠共好。

善念之下生結佳果的蛻變

「雪中，我和父親兩手提滿了禮物，拜訪了一家又一家的工廠，由於技術不外流，又一家接著一家地被趕了出來。走訪了十七家日本有名的水果套袋廠後，終於遇到一位好心的果袋廠前輩，介紹我們到新潟去找柴田屋加工紙株式會社的畑野修平先生。」

1957 年台塑在高雄設廠，開啟了塑膠原料 PVC（聚氯乙烯）的生產。1960 年代後半，臺灣石化產業進入了起飛的階段，石化加工品——各類生活用品、紡織、玩具等大量生產，除了國內市場外更行銷至世界各國。「廉價」的塑膠攻佔了我們的日常生活，取代了玻璃、陶瓷、紙張、木材等其它材質，盤碗、桌椅、掃把、水桶……無一不見其身影。當然，用來盛裝物品的袋子也不例外。

「我試著努力挽回頹勢，但嘗試了一年後我告訴自己，不做些改變就只是這麼繼續下去的話，工廠的生意是不會有所改善的。」當時還是高中生的盧會長利用假日跑去麵包店幫忙賣麵包，甚至放學後還向同學推銷麵包，希望麵包賣得好，老闆就能多用一些自家工廠做出來的紙袋。

看著辛苦幫忙賣麵包的盧會長，老闆娘歉疚地對他說：「盧小弟，對不起啦，現在的客人都改用塑膠袋了啦！」勞而無功的痛苦並沒有擊退會長，他反而努力思索著該如何生存下去。自那天起，他向自己發誓，不能只維持現狀，要生存就必須要革新！

勇敢面對問題，積極跳脫困境

在多數商家改用塑膠袋後，父親工廠的紙袋訂單每況愈下，規模從兩百多名手工糊袋人員的盛況到只剩下九名員工的窘境。然而當時才 23 歲的會長所想的不是收掉工廠算了，而是要如何才能生存下去。

那時住在三德飯店附近的他，常看到許多遊覽車上載著來自愛知、長野、新潟等日本農村的旅行團。他很好奇為什麼這些上了年紀的日本農民能夠生活

富足、幸福地出國觀光？他忍不住請懂日語的父親去請教他們。那些日本農民表示，因為每年種植的水果收成都很穩定，所以生活自然也就安定而有所餘裕。

這樣的答案讓會長吃驚，因為臺灣的果農栽種辛苦，但收入卻不成正比。他想瞭解這其中的差異，便開始探究日本農民種植水果的方法，如何才能讓水果長得好、長得漂亮，同時還能確保每年的收成量。

於是會長和父親一同前往日本考察，發現日本果農會小心翼翼地將樹上的幼果、中果套上特製的套袋，精緻的管理讓他嘆為觀止。會長心想，日本比臺灣寒冷，他們的水果無法一年兩穫，但他們的產量卻可以外銷全世界，真是令他非常欽佩。

40 年前臺灣還沒有人生產水果套袋，大多農民不瞭解水果套袋的功能，只有少數果農以舊報紙折摺後保護樹上結出的水果；但報紙不僅保護不了水果，在下雨過後甚至會吸水、發霉，產生病果造成更大的損失。當時臺灣農業正臨升級際會，剛從父親手中接下岌岌可危的麵包紙袋工廠的會長，見到了一線曙光。

盧會長決定再次前往日本，試圖向當地的紙袋廠購買機器、學習技術，在拜訪了十七家工廠後卻因技術不外流而連連碰壁。所幸後來有一位釋出善意的

盧會長（右一）與父親、恩師柴田屋會長（右二）合影。攝影・壯佳果提供

日本農友，為他們指出了一條明路——建議他們去請教新潟縣柴田屋株式會社的畑野修平先生。

　　坐上前往新潟的火車，長達十八個小時的路途中，會長與父親兩人只買白飯配著從臺灣帶來的鹹魚、香腸，累了就在座位上打盹。一路奔波抵達目的地後，迎接會長父子的，是畑野修平先生的一句：「お帰りなさい[1]（歡迎回來）！」這一聲親切的問候振奮了會長，讓他決心一定要好好虛心求教、學好農業套袋技術。

　　身為日本第一個發明水果套袋的農業專家，曾在國立新潟農業試驗所擔任副所長的畑野先生與會長父子素不相識，但他與夫人對待會長和他父親如家人般親切地招呼他們用餐、休息。在柴田屋的三天，畑野先生透過會長的父親翻譯：什麼是梨黑心病？什麼是蘋果斑點落葉病？……，足足考驗了會長三天三夜。最後，畑野先生收會長為關門弟子，無條件地指導會長做水果套袋的技術，這一幫就是 30 年。

　　憶起當年情景，會長滿懷感恩地說：「畑野修平先生不僅是我的恩師，更是臺灣果農們的恩人。當年若不是他無私地分享與指導，臺灣果農的經濟狀況不知要到什麼時候才會獲得改善、臺灣水果的品質要再過多少年才能達到今天這般的水準？」

　　自日本學成回國後，盧會長利用工廠內原本做麵包袋的機器試著改裝成全臺第一部水果套袋機，同時帶著與父親一起從日本買回來的兩箱葡萄套袋，送去給在新社種葡萄的姑姑試用。過了一陣子，會長詢問姑姑使用套袋的效果如何，「憨姪！你自己看。」循著姑姑手指的方向看去，原來姑姑把那些寶貴的套袋丟在角落不曾使用。會長將日本果農使用套袋後，可以不用噴灑農藥就能防止病蟲害、果實不會再受小鳥啄食的種種好處向姑姑說明，無奈姑姑卻聽不進去。會長不死心，更不想放棄這個寶貴的試驗機會，於是他拿著那些套袋，一個一個親自套在那些青色的葡萄幼果上。

---

1. お帰りなさい意指您回來了、歡迎回來之意，是一種表示慰問的招呼語。

引領日本技師田間改良。 攝影・壯佳果提供

一個禮拜後，姑姑的鄰居上門詢問：「妳套在葡萄上的那個是甚麼物仔？妳套上那個白色的東西以後，鳥仔全都跑來我這邊吃我家的葡萄了耶！」自此，套袋的好處藉由小鳥從新社轉移基地朝東勢飛去、再從東勢北轉卓蘭的宣傳下，果農們紛紛都跑去向壯佳果購買套袋。那時全臺灣只有壯佳果有生產套袋的機器，盧會長歷經千辛萬苦赴日求藝改良的套袋，第一年只賣了兩萬個，第二年便增加了一百倍、賣出兩百萬個……，直到現在全臺所有果農，皆已全部採用無農藥栽培的生長保護套袋，每年用量高達數十億個。

巧遇寄接梨之父

在研發紙袋的過程中，會長在一次探訪東勢時，遇到了張榕生[2]班長，他是一位非常偉大、將不可能變為可能的研發者。當時張班長正在東勢研究寄接梨，

---

2. 1977 年，張榕生首創將溫帶的梨樹花苞，接到橫山梨母樹上，就能結出細緻又多水的幼梨仔。高接梨又稱嫁接梨或寄接梨。

2
1

1. 葡萄水果套袋。　攝影・壯佳果提供

2. 甜柿水果套袋。　攝影・壯佳果提供

與一批志同道合的夥伴成立了東勢寄接梨高級研究第一班。但由於大家都沒有套袋經驗，因此研究的前幾年，果樹沒有開花、第三、四年開花卻沒有結果，好不容易第五年結了果實，最後卻又因一場梅雨而爛掉了。

　　會長巧遇張班長時，他正爬在果樹上用舊報紙包裹幼梨。會長請問他用報紙包覆的目的，張班長說他前幾年都沒有成功，今年好不容易結了果，用報紙包起來可以防雨淋及蟲咬，不料會長告訴他用報紙包裹反而會使水果爛得更厲害。有趣的是，雖然張班長年紀比會長大上許多，卻沒有因為會長直率的指正

而生氣，反而向會長請教。會長花了一個多小時向他解釋為什麼報紙不適合包水果，並說明紙張的結構、吸水度……。張班長聽了之後如獲珍寶，希望會長能去參與寄接梨研究班的會議，和他們一起做實驗，研發最適合寄接梨的紙袋。

「寄接梨的套袋是最困難的，等我們了解、研究出適合寄接梨的套袋後，其它的水果套袋就不算什麼了。」一路走來，會長研究套袋 40 年了，不同於一般工廠只是照客戶的要求去生產商品，會長會主動地去研究，針對不同的水果品種，了解其特性及需求，去調整紙袋的紙質、尺寸、袋型、著色度、透光度……，只為了能夠幫助果農做出最合適的套袋。

盧會長時常親訪果農或產銷班，不僅說明使用套袋的益處也向他們請教相關的知識與實務經驗；會長不斷地虛心學習、用心地改良套袋，果農也給予信任、配合操作，進而培育出優良的水果，提升最基礎的農村生活及附加價值。使用水果套袋的水果，除了外觀更加地漂亮、美味之外，更免除了為防止蟲鳥採食需要噴灑的農藥，消費者可不再擔心農藥殘留，形成善的循環。數十年至今盧會長仍被農民肯定為臺灣水果套袋開基元祖，而佳果牌也成為農民心目中第一品牌。

正向思考，取財有道

與商業用紙袋相較之下，其實水果套袋的成本更高，且訂單得看當年水果產量，獲利多寡不完全為人所掌控，得看老天爺。然而會長疼惜果農，40 幾年來從不曾因利而放棄，反而是投注心力研發，獲得數十項專利產品，成為壯佳果的技術專長與核心價值。

屹立市場近 70 年，在會長掌舵下至今已到第三代的壯佳果，除了「靠天吃飯」的水果套袋之外，也研發製作不同用途的商業紙袋，從裝炸物、麵包、紅豆餅等的食品用紙袋到超商、藥妝店提供的購物紙袋，壯佳果每年生產二十多億個的紙袋在我們日常生活中隨處可見，品項多達兩千多種。

「我們的商業紙袋大約占 7 成的量，全球有四十多個國家都向壯佳果下單採購，而這都要感謝郝龍斌先生。」會長笑說著 2002 年郝龍斌擔任環保署長

善念之下生結佳果的蛻變
壯佳果 Juang Jia Guoo

壯佳果生產的各式紙袋：

2	3
1	4
	5

1. 烤雞袋　2. 平張紙

3. 麵包袋　4. 鋁箔袋

5. L 型袋。

攝影・壯佳果提供

時推行的購物用塑膠袋減量措施，讓壯佳果整整痛苦了 10 多年。會長說：「很多人都以為限塑令實施後民眾會改用紙袋，紙袋業者可以大賺一筆，殊不知恰恰相反啊！」原來塑膠袋不能免費提供，卻可以用 1 元、2 元賣給消費者，於是業者紛紛減少紙袋購入量，光是賣塑膠袋便可大賺一筆，這使得壯佳果訂單一夜之間掉了一半以上。

　　一枝草，一點露，只要努力，絕處也能逢生。限塑令下的困境，使得壯佳果開始加速開發商業用紙袋，將多餘的產能轉向外銷。剛開始有一位歐洲的客戶，小量訂購了一面有透視窗的法式長棍麵包紙袋，在試用反應很好、確認品質後，便一次下好幾百萬個的訂單。這讓壯佳果的努力受到相當的肯定與鼓勵，之後更又陸續開發其他數百種不同用途的環保紙袋，讓壯佳果變成臺灣唯一的環保紙袋共和國。

　　如今外銷的紙袋各式各樣遍及數十個國家，有南美洲的香蕉紙袋、墨西哥餐廳包墨西哥餅的鋁箔袋、愛爾蘭雜貨店用的紙袋、日本的日式點心袋等。一場因塑膠袋再次造成的危機成了開啟外銷之路的轉機。

　　「我一直很努力克服每一次的難關，不是我喜歡挑戰，但是困難既然來找我，我一定要面對並努力度過！」

　　擇善固執的盧會長做起生意來是非常有原則的。市面上的彩色檳榔盒也曾是壯佳果率先開發量產市佔率第一的品項之一，但這項每年能夠帶來上千萬營收的生意卻始終讓他有所質疑。後來業者要求在盒外印上裸女照以刺激消費，會長便立刻毅然決然地放棄這門生意。此外，在六合彩盛行之時，曾有組頭因為想印製賭博彩報而找上會長，要求他提供報紙原料。面對彩報可能帶來的巨大營收，會長仍不為所動回絕了對方。

　　會長透露，公司的營運除了受大環境因素的影響外，也曾有過幾次其他的危機。過去壯佳果曾進口大量的印刷紙賣給報社和出版社，卻幾次遭到客戶惡性倒帳，數萬噸的印刷用紙金額不小，造成資金吃緊。但即便如此，會長寧願苦撐多年還債，也不願背棄自己的原則與理念。他表示，自己從小所領受的家教就是「只有以正業、正道、正法所得的正財，才能留傳給後代子孫、才能用來濟助貧苦的人」。

盧會長與群鷹協會分享經營理念。 攝影・壯佳果提供　　贊助日南國小弱勢孩童獎學金。 攝影・壯佳果提供

善之循環，永不止息

　　「公司名稱是我父親取自聖經詩篇第一篇第三節：『他要像一棵樹，栽在溪水旁，按時候結果子，葉子也不枯乾。凡他所做的盡都順利。』」

　　壯佳果的客戶高達一萬多家，大至國際知名連鎖速食店，小至菜市場、夜市攤販；研發的數十項專利、智慧財產權以及製造的防油袋、食品包裝袋、麵包袋、水果套袋、鋁箔袋、速食業及百貨業用之外賣方型袋遍布全臺灣，現正大步邁向成為國際化規模的環保紙袋專業廠，讓產品遍布於全世界。

　　壯佳果從會長的父親以麵包紙袋起家，到會長開發農業水果保護紙袋和商業紙袋，一貫地堅持產品必須符合環保。不僅紙品都是最先進的柔版印刷，也是全臺灣率先使用符合美國食品藥品管理局標準及國際食品衛生法規的環保無毒水墨；而原紙的採購，亦是只採用 FSC（Forest Stewardship Council 森林管理委員會）認證的紙品。

　　盧會長信守「善之循環，永不止息」。壯佳果每天都會檢討有什麼事情是可以去再改善、再增進的，他認為一天只要改善 1%，一年後就會強大三十七倍。而在提供高品質產品的同時不忘熱心公益，除了長期贊助日南國中清寒子弟愛心待用餐、認養來自農村二十多位弱勢家庭孩童、捐贈救護車外，也在壯佳果製作的紙袋上為公益團體免費宣傳打廣告。

　　今年，壯佳果將於越南平陽省建立亞洲最大生產基地——APAK 環保紙袋廠，目標是立足臺灣、進入東協，讓壯佳果成為亞太第一的環保紙袋廠，並在擴展的同時，用環保紙袋影響更多的國家。

參加 2018 年社會型企業世界年會與諾貝爾和平獎得主尤努斯博士合影。　攝影・壯佳果提供

　　始終正向面對困難、解決問題的盧會長，從甫一接班便瀕臨失業的窘境開始奮鬥，到成為現在臺灣環保紙袋業的隱形冠軍，所追求的不僅是未來數十年的業績，更希望製造者、消費者共同建立一個無毒無公害的環境。因此，他將「身土不二、友善地球，善之循環、永不止息，共結善緣、共享佳果」列為企業最高的文化與核心價值。

　　我們相信盧會長的善念與宏願，一如弘一大師李叔同所說：「念念不忘，必有迴響[3]。」心中常存的信念，終將有所回應，壯佳果的理念會在世界各地，結下更多甜美佳果。

經營者除了具備學識、品德外，還要全心投入，隨時反省，
才能領悟經營要訣，結出美妙的果實。

——日本經營之神 松下幸之助

壯佳果股份有限公司
成立：1948 年
會長：盧壯興
臺中市大甲區幼獅工業區幼九路 6 號
https://jjg.com.tw

---

3. 取自李叔同《晚晴集》。「世界是一個回音谷，念念不忘，必有迴響，你大聲喊唱，山谷雷鳴，音傳千里，一疊一疊，一浪一浪，彼岸世界都收到了。凡事念念不忘，必有迴響。」

苦楝，讓飄洋過海的先民平添鄉愁，
讓詩人們紛紛詠歎讚美。
它堅韌的生命力，
在寒冬過後煥然一紫，
淡淡地，毫不矜持，
以它獨有的姿態，
安靜地佇立、默默地奉獻。

遺棄，未被遺忘

「看著海，汝想到啥仔？」

「阮想欲食虱目魚啦！」

⋯⋯

　　聽書、喝茶、吃菜，坐在宮後街的百年打鐵店裡觀賞精湛的「答嘴鼓」，好不快活。這裡是近幾年不斷發光發熱的十鼓文創最新的藝文據點──永樂町鼓茶樓。這棟三進二落的老屋承載著謝十老師的用心良苦，老師說：「比起打鼓，30 多歲的資深團員更適合在鼓茶樓發揮所長。府城傳奇、臺灣野史、在地美食與民俗典故，由他們來傳達的話可以更吸引年輕的族群，可以達到讓年輕人瞭解自己的歷史、關心自己土地的目的。」他希望透過說書、說茶、說菜三說一體的表演，傳遞臺灣的文史，並再現宮後街的百年榮景，也藉此讓鼓樂團員們去拓展更寬廣、長遠的藝術生命。

　　與充滿歷史痕跡的鼓茶樓相距十幾分鐘車程，刻有「十鼓」二字的高聳煙囪是仁德的新地標，這裡是 1909 年由日資「臺灣製糖株式會社」創立的「車路墘製糖所」、2005 年由謝十老師自力改建的十鼓仁糖文創園區。

　　入園後，映入眼簾的綠意扶疏有致，一路上可見優美的豐富植栽，而園中的設施拱月橋、劇場、體驗館、水舞廣場⋯⋯，更是宜靜宜動，適合各年齡層的遊客。捨不得放過任何一處，心裡暗忖著這占地七點五公頃的偌大園區，該怎麼走才能沒有遺憾？還好，園區除了有負責導覽的專員，地圖也以顏色分為五大區，遊客更可以透過 QR CODE 中的設施簡介、現場的立牌說明，輕鬆安排自己心儀的路線。

　　十鼓文創園區的最大特色在於其保留了百年糖廠原有的風貌，在舊有的建築、設備及景觀中加入現代化的設計，讓遊客不僅能了解臺灣製糖產業的發展史，更能得到嶄新的感官體驗。時光流轉，老師對於保存遺產的使命感，使得過去被棄置的大型機具設備不再被遺忘，它們在巧思設計下，不僅被保存了下

臺南永樂町鼓茶樓。　　攝影‧十鼓文創提供

來，更以全新的姿態展現在大眾眼前。走在由糖箱乾燥室改造而成的藝文空間，廠房原始卻不簡單，抬頭仰望一盞盞的燈籠，靜止鏽蝕的糖箱與鐵桿走道，不僅滿足了遊客對於當年糖廠運作時的想像，更不由得讓人佩服十鼓文創的「減法設計」。

鼓聲中的路

「3 歲，我人生中的第一場演出。」老師笑說著自己與鼓的淵源。由於父親是道士，他自「胎教」時起就浸潤在法事熱鬧喧天的鑼鼓聲中。在七〇年代，各種婚喪喜慶的場合都能看見北管的身影，「有一次負責打鼓的北管老樂師請假，法事現場只聽到法鈴有節奏地搖晃起來，卻沒有鼓聲應和。這時，3 歲的我逕自走向架好的鼓旁，有模有樣地拿起鼓棒，節奏感十足地打了起來。」父親見他有天賦，便讓他跟著老樂師學鑼鼓，自此開啟了他的鼓緣。而法會中原需外聘北管樂師的打鼓工作，後來便漸漸由謝十老師和哥哥接下，擊鼓成了他的工作。

由於四處跟著父親做法會，兄弟兩人常需向學校請假，但父親並未因此就放任他和哥哥荒廢學業，而是請來家教輔導他們的課業，謝十老師的成績更是都維持在班上前三名。12 歲時，父親意外過世，他與鼓樂的緣分便戛然而止。由於當時臺灣還是升學主義掛帥，在進入國中後他便一心向學，想著只要書念好了，未來人生就是彩色的。未料聯考結果不如預期、考上了臺南二中。雖然課業成績失利，但也因此再度拾起了與鼓的緣分。

每當在校園裡聽到學長的打鼓聲，那個一直不曾離開，屬於他、屬於父親的聲音，讓他加入了國樂社。雖然重拾起鼓棒，卻礙於社團中沒有人可教打鼓，只得退而向學長學習具有打擊樂器特色的揚琴。即便在揚琴比賽中得了獎，但他總感覺哪裡不對，認為手中拿的，應該是帥氣擊出磅礴氣勢的鼓棒，而不是相對細小優雅的琴竹。

若說召喚謝十老師鼓魂的是謝爸爸，那麼使他走上這條不歸路的便是炎黃第一鼓手閻學敏[1] 大師。在他正為打揚琴困惑時，同學介紹他參加了一場名為

---

1. 閻學敏，原中國中央樂團敲擊樂手，現為香港中樂團敲擊樂首席。不僅精通西洋各種敲擊樂器，且擅長中國民間戲曲敲擊樂演奏，具有基本功扎實、剛柔並濟、中西貫通的特點。

《鼓詩》的音樂會。這場由中國鼓樂好手閻學敏帶來的演出，讓只要聽到鼓聲便總是想與對方 PK 鼓藝的他驚為天人。咚！咚！咚！音樂會中的每一響，都一聲聲地敲在 16 歲少年郎的心上，當下他便立定以鼓樂為志業，決心投入鼓的世界。

謝十老師告訴母親，臺灣沒有他要念的學校或科系，他要在高中畢業後直接去服義務役，並在退伍後前往香港拜師學藝（編按：當年的制度規定男子必須履行兵役義務後始能出國），這果敢的決定得到了母親的支持。退役後，他發現與閻學敏大師亦師亦友、有南國鼓王之稱的陳佐輝[2]，其鼓樂本質是他所喜愛的風格，因此前往潮州學藝，師從陳佐輝老師。

雖然前往潮州的次數不多、每次停留的時間也都不長，但每每看到老師對舞臺節奏的掌控、指揮的手勢及身段，他便欽慕不已、收穫滿滿。後來他才知道，陳佐輝老師的音樂、曲調之所以讓自己深深著迷，是因為幼時所學的、父親所打的鑼鼓，竟與陳老師來自同一個派系——潮州廟堂鑼鼓。

解放的種子

除了精進鼓藝，老師也至美國西維吉尼亞進修，因為他還有推廣鼓樂的夢想。他知道鼓樂的推廣非一人之力可行，必須要靠團隊，於是 26 歲的他創辦了龍吟鼓術樂團，開始招收對鼓樂有興趣的學生加以指導訓練。從一開始的五個學生，擴展到有上萬個學過十鼓系統的學生，鼓樂慢慢地轉變成為民俗技藝而被推廣。與此同時，謝十老師也開始有了自己的創作，用他的鼓來寫臺灣這塊土地的故事，讓全世界聽他的鼓來認識臺灣。

初創的龍吟鼓術樂團在短短一年中，一檔接著一檔地演出，迅速打響了名號，但夥伴之間想法上的不同，讓他毅然放下一手成立的龍吟，在理念較為契合的家長們推崇下，以謝十為名，成立了新樂團——謝十打擊樂團。不過，這個團名讓一向謙遜的謝十老師感到不自在：他認為鼓樂藝術並非是在彰顯個人成就，這項集眾人之力的技藝，成就應屬於眾人才對。一年後，便以象徵兩支鼓棒交疊、匯集十方力量的「十」，再次改名為現今的十鼓擊樂團。

---

2. 陳佐輝，現任廣東民族樂團團長，精通潮州鑼鼓，亦深諳多種中國民族打擊鼓樂與西洋打擊的演奏技藝。

　　十鼓擊樂團在仁德糖廠落腳前，團練的場地如同團名一樣，一波三折。從老師的家、百坪大的萬川餅鋪樓上到臺南長榮路上四百坪的亞洲大樓地下室，租金也跟著從無到有、每月十幾萬地翻漲。但只要能讓團員安心練鼓、不干擾鄰居，老師認為這著實不小的壓力是值得的。但令人料想不到的是，鼓聲竟循著大樓的消防排煙管往上竄，雖然經環保局檢測未達噪音標準，但要讓住戶每天像是聽摩斯密碼般接收著排練時的樂聲，令他著實不忍。為樂團找個安身立命的地方似乎成了謝十老師的終極任務。

　　2003 年 7 月仁德糖廠停閉，在糖廠任職的學員家長告知此訊息，介紹老師

與廠長商談。由於之前曾有跆拳道社、協會等租用場地卻付不出租金，加上他才 30 出頭、過於年輕，讓廠長對於謝十老師的經營規劃抱持懷疑。多次長談未果並未讓老師放棄，抱持著不願輕易放棄的精神，終於在 2005 年談出了眉目。雖然對方仍是不放心地只願意簽一年約，但，一向正面積極的老師認為總是好的開始。藝術的種子終於解放，可以好好地向上成長，團員們打鼓時終於不用再為了消音鋪上大毛巾、呼吸飄散著棉屑的空氣。終於，可以聽到該有的樂聲。

　　「你剛剛走進來的大門，是我們從垃圾堆中找出來的。」老師回想當年整建蔓草叢生的廠區，沒有政府補助、企業贊助，一棟棟地洗刷倉庫、搬除廢棄物、剷刈雜草；養花植樹、鋪磚道，都是團員們吃苦當吃補慢慢建立出來的。

　　然而原本預計以 800 萬元打造的廠區，實際的經費卻遠遠超出想像，至少要 3000 萬元才夠。為了解決資金問題，謝十老師申請了文創貸款，沒想到克服了繁複的申請作業、得到核准的公文

後，卻沒有銀行願意借錢。銀行認為做文創賺不了錢，所以仍需要提供房子、土地等不動產抵押才願意撥款。幸而在與信保基金聯繫後，信保願意支持、為他擔保申貸的金額，十鼓的第一筆 1000 萬元才順利地分由華銀、臺銀兩家銀行撥款。

老師說，不論是早期或現在，做文創都不容易。即使是締造了國片新紀錄、總票房高達 5.3 億元的《海角七號》，在籌資時也是困難的。不過這個臺灣電影的奇蹟，讓銀行瞭解了創意和思維也可賺錢，對之後有志發展文創事業的人有很大的幫助。他認為做文創要有所堅持，要腳踏實地地耕耘，先靠自己努力做出成績、受到大眾的肯定後，也就容易獲得政府或企業的資助了。

從一開始的獨資、後來好友們的支持加入，到現在開放給每一位員工、學員家長，讓大家都有機會分享獲利。這些成為股東的朋友、員工，並非以利益為出發點，多半是浪漫、懷有理想地支持，這股信任與支持的力量激發了謝十老師薪傳鼓樂以外的想像，深埋的藝術種子終將破土，開始自由地伸展與茁壯。

遺棄，未被遺忘

十鼓的快速發展並非謝十老師的規劃，而是基於保存文化的使命，且並非一開始就是現在的規模，在第一年僅承租了糖廠其中的五棟倉庫。建造十鼓的期間，聽聞廢棄的廠房、儲蜜槽將被拆解，好讓閒置的區域分租給物流中心的消息，老師心想這些硬體如果被拆解當成廢鐵賣掉太可惜了，這些過去的工業遺產是那麼地難能可貴，「我們的倉庫與糖工廠僅一門之隔，木門打開後就可以看到被封印的、美麗的糖工廠。」

他人眼中的垃圾卻是老師的無價之寶，心中的使命感促使著謝十老師快速拓展。老師說：「其實糖廠一開始要分租出去時，我並沒有積極地去洽談，因為自己一個人的力量有限，我擔心貿然擴展影響了原本辛苦建立的成績。但員工、學生知道後，紛紛告訴我他們要挺我，還立刻拿出錢來。」這原是美事一樁，但大家的錢湊起來也只有幾百萬，離實際需要的 2 億元差了一大截。真的要做嗎？會不會害了這些孩子？那可是大家打鼓打到磨破了雙手、辛苦賺的錢

哪！老師笑說當時想到這些，他便眼一閉、心一橫地想：打「退堂鼓」吧！深深地吸口氣告訴自己，就當不知道這件事吧！

　　然而一切似乎都是天注定，糖廠招標的過程並不順利，甚至有黑道圍標，招標動作因而喊停。為免缺憾因隙生成，老師認為機會來了。這一次他咬牙矇住了心，決定不管是幾億都要硬著頭皮把它做起來。將決心付諸行動，但並不是毫無章法地亂做，謝十老師有計畫地陸續推出不同主題設施，讓團員們學習其他藝術或技能，將劇場演出形式融入鼓藝表演之中，讓原本單純只有音樂故事脈絡的鼓藝表演，在視覺上有了更豐富的層次與創意空間。在園區的軟、硬體設施與服務更加多元完善後，更於 2013 年拍攝以喚起對臺灣文物的重視及保存為目的、「保留糖廠」為故事藍本的電影《加油！男孩》，藉此行銷、提升園區的形象與知名度。

　　「哪怕是一個生鏽的水龍頭，都可能有著一個阿公的故事，保留下來能讓我們重新思考、運用，重新演繹這裡的生活型態。」謝十老師改造老糖廠，沒有大刀闊斧地剷除所有舊物，而是將糖廠歷史、原有風貌與傳統鼓文化融合。像是分別建於民國三十、五十及七十二年的儲蜜槽，經改造後串聯為車路墘文史館、兒童體驗館與蜜橋咖啡館。其中蜜橋咖啡館像是未來世界的科幻場景，金屬結構搭配著透明步道，頂端有著十二星座，讓人留連忘返，再往外走便是連接天空步道的地方。

　　三百四十九公尺、充滿人文深度的天空步道，是一條盤繞著百年榕樹滴流的走廊，為尊重生命，遇有枝幹就斷開結構，不為創新而犧牲生態。遊走在充

《加油！男孩》電影劇照。 攝影・十鼓文創提供

全長三百四十九公尺，盤繞著百年榕樹的天空步道。

滿工業風的大樹中，不時可以看到寫著各種願望、祈福的牌子垂掛。這條融入製糖流程：金、木、水、火、土五行概念的步道與蜜糖劇場於 2016 年入圍世界建築節[3]的 New And Old-Completed Buildings 類，是該類別的臺灣唯一，競爭者包括新加坡國家藝廊斥資數十億元傾力打造的建築工程，凸顯了十鼓自籌經費，自力完成改造的難能可貴。

　　而夢糖劇場的設計緣起，是為了保留原製糖用的五重壓榨機，謝十老師將廢棄製糖工廠改造為環境劇場，整座劇場坐落於壓榨機上方，利用透明的強化玻璃，觀眾可盡覽工廠全貌，視覺上十分震撼。當舞臺上鼓手表演時，碩大、鏽蝕、不再運轉的壓榨機便重新轉動，原本布滿蛛網灰塵的大齒輪及天車隨著鼓聲和表演一起重奏。劇場每天都有五場擊樂表演，開放給遊客欣賞，是來到園區一定要觀賞的重點之一！

3. 世界建築節（WAF）有建築界奧斯卡金像獎之稱，獎項共三十二類，2016 年有三百四十三件作品入圍，臺灣共入圍五件。

不斷的前進、創新

　　2006 年十鼓擊樂團跨領域合作，演出《臺灣之門——鹿耳門記》。此劇由王貞君編劇、謝十老師與陳明志博士共同創作音樂，國際知名建築師劉國滄任舞臺設計。故事描述鄭成功登陸鹿耳門，與荷蘭對決關鍵的一戰，開啟了臺灣歷史新頁。

　　早期十鼓到處奔波、巡演，但不論是臺灣或是海外，表演結束後所有的硬體皆無法留下、累積，因此謝十老師想打造一個可以不斷加值、永續經營的劇場，於是有了定目劇的開始 4。「想法雖好，但剛開始的時候，好慘！臺上的演員比臺下的觀眾還多；不論怎麼努力推廣，一個月下來觀眾數還不達五百人。」老師說，當年接連的虧損常讓他連在澆花的時候都想著錢要從哪裡來？那時只要會計一將存摺、印章交給他，他就知道會計要離職、讓

4. 定目劇：長期以固定劇目進行表演的藝術活動，如美國百老匯音樂劇。

他自己看著辦了。所幸 2010 年《鼓之島》入圍葛萊美，十鼓獲得許多的演出邀請，靠著商演的錢填補定目劇的洞才得以撐過來。

有了仁德舊糖廠的成功，高雄橋糖、嘉義嘉創等地也接著跟進。以宋江陣為題材串連鼓樂文化，搭配水幕、烽火臺、4D 投影及魔幻水景，帶給觀眾視覺、聽覺與心靈的震撼與感動。

十鼓首創夜間定目劇水劇場，是臺灣第一個利用定目劇獲利的文創團體，謝十老師整合定目劇與文化進行故事行銷，讓劇團表演有了在地的故事。他說：「故事行銷造就了十鼓的成功。十鼓位居臺南偏僻舊糖廠，除了改造糖廠、建造主題設施，要能吸引遠道而來的遊客欣賞表演、參觀和體驗，就一定要有自己的故事。」

3 歲即開始隨著父親和哥哥打鼓的謝十老師，除了是藝術家，更是獨持清操的文史工作者及生態保育者。一路走來胼手胝足，秉持著使命感，堅持做對的事。為了永續經營，在不斷求新求變中，保存文化遺產並賦予其新生命，創造一個讓人想再三前往、每隔一段時間就又有新亮點的十鼓。在這個尊重歷史、結合各種藝術的園區中，不論是白天還是夜裡，都能讓你我找到喜愛的面貌與一份屬於自己的情感。

氣派的夢糖劇場，每天都有擊樂表演，是來到十鼓園區重要的觀賞重點之一。

十鼓擊樂團於美國休士頓演出劇照。攝影・十鼓文創提供

創造力源自於感性，構成感性的基礎則是腦中知識與經驗的累積。不斷增加腦中知識與經驗的量，有助擴展個人的包容力。

—— 音樂大師 久石讓

十鼓文創股份有限公司

成立：2002 年

創辦人：謝十

臺南仁糖：臺南市仁德區文華路二段 326 號

高雄橋糖：高雄市橋頭區糖廠路 24 號

https://tendrum.com.tw/

If not me, who ?
If not now, when ?
捨我其誰，
更待何時？

你注定要做一件只有你能做的事情

「要拿到獸醫執照,不難,但成為一個真正成熟、有能力去解決大動物問題的獸醫這件事情我認為很重要。我現在一個禮拜有五天是在南部的牧場做獸醫工作,只有兩天在臺北。大部分時間都在南部做獸醫工作是因為我覺得,『獸醫的醫療價值』是鮮乳坊之所以是鮮乳坊的原因,而與酪農最直接、真實地接觸,才能真正瞭解、解決他們的問題,讓鮮乳坊在發展的過程當中,不致走偏、不會做錯事情。」

大動物獸醫是所有獸醫領域中,相對不穩定、保障性較低、危險性也較高的工作。與寵物型的伴侶動物獸醫師不同,無論氣候是否惡劣,只要動物有需要,大動物獸醫就必須開著診療車出診,幫乳牛接生、健檢、手術、施打疫苗……因為環境或動物體型而導致工作本身充滿風險之外,有時在天還未亮,凌晨四、五點就要出門,回家時可能已是滿天星斗,跨縣市路途奔波時的危險與疲憊,也為獸醫增添不少危險。

鮮乳坊的創辦人龔建嘉獸醫師就曾有在出診路程中發生車禍的經驗。那天,他凌晨五點出門,車開著開著就睡著了。由於危險性實在不小,使得他花了很長一段時間與母親溝通,母親不理解他為什麼擺著安穩、輕鬆的工作不要,而要選擇辛苦又危險的大動物獸醫。

「沒有去農會工作這件事,我媽會念我一輩子,哈哈!」金秋和風煦煦的早上,來到鮮乳坊五股總部。雖是初次見面,但熱血的龔醫師平易近人、毫無距離感。

出社會至今,工作始終不符合母親期望的龔醫師說,媽媽是小學老師,想法比較傳統、保守,希望他的工作能夠離家近、收入穩定,因此他從小就知道,在母親心中最夢幻的工作就是當公務員。然而最後卻和母親的想法背道而馳,不僅不是公務員,也沒有選擇在臺北找寵物動物醫院的工作。現在的他,除了

獸醫師的牧場例行工作：超音波搭配直
腸觸診做牧場繁殖管理、牛隻內外科診
療、例行健康檢查以及提供酪農飼養管
理建議。 攝影‧龔建嘉提供

大動物獸醫的身分外，還創辦了鮮乳坊，接受邀約四處演講、寫專欄，為酪農產業發聲。

雖然不到抗爭的程度，但工作這件事，一直沒有與母親達到很好的共識。龔醫師認為自己的人生應該要自己決定，所以選擇不當個乖乖牌，堅持做著自己想做的事。「在我媽好不容易慢慢能接受我做大動物獸醫師的工作時，我又告訴她說『我要創業』，媽媽她就更崩潰了！」

永不放棄的斜槓青年

「牛的屁股，就像一本百科全書一樣豐富，你能不愛上這種感覺嗎？」這是龔醫師在一次演講中的開場白，很令人噴飯但效果十足，讓人忍不住要Google一下與乳牛相關的常識及知識。也許就是這樣熱血又深具幽默感的特質，讓這個年紀輕輕的大男孩即使日曬雨淋，仍堅守著為乳牛健康把關的使命。

全臺每年三百多名獸醫系畢業生，平均只有一至二位、不到1%投身大動物獸醫。龔醫師說從小爸爸就會在假日時帶他去抓鍬形蟲、獨角仙，也養過烏龜，所以他一直對生物這個學科很有興趣，升大學時所填寫的也都是與生物相關的科系，最後也因此進了獸醫系。

最初對獸醫的瞭解比較模糊不清，以為就是像一般認知的那樣做個狗貓獸醫，但念了一段時間才發現其實獸醫的範圍很廣，從實驗動物、野生動物到經濟動物、水產動物等，都在獸醫的工作範疇內。臺灣的獸醫師執照與國外不同，沒有分動物別，考到執照後什麼動物都可以看。而龔醫師在大學期間，是少數各個動物都去學習的人，像是紅毛猩猩、馬來熊、陸龜、金剛鸚鵡等許多奇特的動物他都有涉獵，開啟了他對獸醫不同領域的想像。

大五跟著老師到牧場實習時，接觸到牛這個項目，發現這個產業投入的人很少，產業的需求卻很明確。龔醫師發現這個產業很適合自己，因為他不是一個喜歡待在辦公室裡的人，他喜歡戶外運動，無論登山、三鐵、潛水……，各式的戶外運動他都樂於參與。若是在牧場工作的話，便可以開著車穿梭在鄉村美景間，不用關在辦公室裡。

　　研究所畢業後原打算爭取外交替代役僅有的兩個名額，已有獸醫執照的他，為了加分還特地去考了 TOEIC。卻沒想到，之後一連串的不如預期，深深影響了他日後的人生。

　　龔醫師說在當兵前，他考取了大客車執照，但沒有被選為人人稱羨的駕駛；他考了重機駕照，卻也沒有進入憲兵重機連；有獸醫執照還考了 TOEIC，但在最後五個分數相當的人中抽籤時，沒有抽中海外獸醫外交替代役，最終被分派到憲兵軍犬組。

　　龔醫師負責照顧的是退役的德國狼犬──Candy，一個好脾氣的女孩。與全臺 24 隻軍犬（18 隻現役、6 隻年滿 8 歲除役），一起聚集在那個小小的單位裡。幾十年都不曾改建過的破舊建築中，用木板、鐵絲、水泥拼湊出破爛的犬籠潮濕、陰暗，這，是牠們一輩子的家。在軍職一年當中，龔醫師透過訓犬員與獸醫的角度，看盡了軍中制度的荒謬與無奈。

　　生病的軍犬因為經費的關係，必須要由阿兵哥自費就醫；年邁有病痛、需要開刀的犬隻，被關在營舍裡任其凋零；每每颱風就會淹水的犬舍，更隨時會有毒蛇鑽到犬舍裡。而最令人無法置信的是，這些軍犬要待在這軍營中直到老死，即使牠早已光榮退役。

　　「軍犬跟槍枝一樣，都是軍中的財產！」這是龔醫師提出質疑時得到的回答。為此，他用當兵時最寶貴的放假日，做了整整四十頁的「除役犬的認養提案」，花了 2000 多元印出報告廣發給各級長官。

服役時期的龔醫師。　攝影・龔建嘉提供

龔醫師與軍犬。　攝影・龔建嘉提供

　　很多人笑他蠢，沒有人當兵這麼認真的。其他的訓犬員和獸醫問龔醫師成功的機率是多少？他說自己從沒想過失敗，無論用什麼方法，他都一定要完成這件事。「我在憲兵學校時曾看了一本漫畫，書名我已忘了，但貫穿全文的『永不放棄』四個字卻仍深映在我的腦海裡，而我真正實踐永不放棄的地方便在軍中。」龔醫師回憶當時在軍中為軍犬發聲的種種，以及在退伍一年半後終於完成的，臺灣史上首度軍犬開放民間認養[1]。

　　「爭取認養軍犬一事影響我很大！」龔醫師說，一是知道了跟體制對抗會有多大的困難，但最後證明，只要是對的事情，努力去做就能辦到。二來因為結合了許多人的力量才完成了這件事，讓他真心相信《牧羊少年奇幻之旅》中

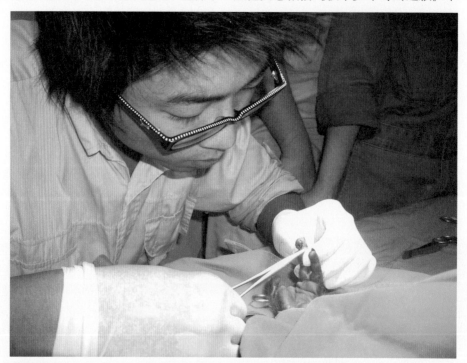

大學實習在屏東野生動物收容中心實習時為獼猴做手指縫合手術。　攝影・龔建嘉提供

---

1. 龔建嘉醫師為軍犬而發聲一事，詳錄於痞客邦「大動物小醫師」之〈永不放棄電影觀後感，以及我想救出軍犬的故事〉。

所說的：「當你真心渴望某樣東西時，整個宇宙都會聯合起來幫助你完成。」經歷過這件事之後，讓龔醫師在看到不合理的事情時，勇敢站出來爭取公義的心志更加明確。

貴人相助

臺灣獸醫系偏重小動物教學，雖然也有大動物課程與實習機會，但想要扎實的真功夫，仰賴的還是學生要自己積極地跟隨老師到牧場學習。當年龔醫師為了能有實務經驗便與研究所的指導老師講好，白天讓他跟一個已經退休的老師去各地出診，晚上再回學校做實驗。

「蕭火城老師對我的影響非常大，我跟著他實習時，他已從臺大退休，不再教學、不再收學生了。」曾經教過許多學生的蕭老師，總是非常認真、花許多精力來教導學生，但20餘年的教學生涯，眾多學生中最後只有一個家裡養牛的學生選擇做大動物獸醫。所以當龔醫師表示想請蕭老師指導時，蕭老師以退休不再帶學生為由婉拒了。

龔醫師回憶當時，雖然老師拒絕收他做學生，但他一直「盧」，不斷拜託老師給他機會。終於，有一天晚上九點多，蕭老師跟他說：「那明天早上七點，一起到桃園的牧場！」老師突如其來的邀請，讓毫無準備的龔醫師有些驚喜。他印象深刻地回憶道，剛開始與蕭老師去牧場時，老師常會半揶揄地跟酪農說：「這個龔建嘉說要做大動物啦，唉！也不是沒有過，這麼多學生說過要做大動物，最後沒有一個成功、沒有一個留下來的。」

由於做大動物獸醫的收入並不穩定，很多人會兼賣藥品、營養補給品，同時身兼大動物獸醫及藥物經銷的雙重身分。但蕭老師堅持只做醫療工作、不賣東西，因為具備雙重身分會使得自己容易失去客觀立場。龔醫師舉了個簡單的例子說明：「當牛隻要打針時是因為你想賣這個藥而打針，還是因為這隻牛真的需要而打針？」幫助牧場解決牛隻的問題，是手心向下、是給予的；但如果需要牧場主人向你買東西，那麼手心便是向上的了。蕭老師除了資深外，受到大家敬重不是沒有原因的。

龔醫師跟隨老師實習期間，勤奮認真，原本持觀望態度的蕭老師，面對酪農時也一改初期的說法：「欸，這是龔建嘉。他未來要做大動物獸醫，你們一定要支持他！」從此廟堂添故事，登庸衣缽盡相傳，蕭老師不僅主動幫忙介紹許多酪農朋友，更是傾囊相授，希望龔醫師能成為大動物獸醫的生力軍。

「老師非常地支持我，他知道我做鮮乳這件事情，是為了改變酪農產業的生態及產銷模式，所以他給了我很多的鼓勵與協助。我覺得老師是我很重要的一個貴人，是讓我把我的本業、能力，真正發揮出來的人。」

一年一度的獸醫師大會，全臺灣約有五千位的獸醫師會齊聚一堂。去年1月在桃園舉辦，活動負責人正是蕭老師。老師告訴龔醫師，往年都有很多寵物飼料、寵物美容用品的贊助商參加，但從來沒有與經濟動物相關的東西在獸醫師大會被看見。因此，他希望鮮乳坊能好好地運用、布置那個場地，讓這一次的獸醫師大會以乳牛為主題。蕭老師不僅鼓勵龔醫師，更用種種實際行動支持著他。

退伍後，龔醫師進入以乳牛營養保健食品為主要商品的春穀企業。春穀成立18年以來，一直沒有公司編制內的獸醫，但老闆一直有個夢想，希望能有獸醫師來照顧他的客戶。雖然老闆的想法很好，但苦於大動物獸醫很少，一直找不到適任的人。因此，龔醫師正好可在春穀一展所長。

服務了兩年後，老闆提出想辦一個國際性的論壇——雙連論壇，一共六堂課分講不同的主題，有的是講小牛怎麼養、有的以牛的畜舍設計為主題，請的都是世界級的講師。老闆交給龔醫師一個挑戰，希望他能在這國際級講師的陣容下也主講一個題目。

龔醫師以獸醫師的身分、牛的繁殖障礙為題，圓滿完成老闆交付的工作。在那次活動之後，他發覺雖然乳牛醫療方面是自己的專長，但是在牛隻營養方面，仍有可以再進修的部分，以提供酪農更全面的飼養管理建議，讓日常的預防勝於事後治療！因此向老闆提出辭呈，前往康乃爾修習短期課程，老闆也相當支持並大方提供部分經費鼓勵龔醫師的求學心切。

成功的定義是什麼？

「原來，最美好的事物眼睛看不見，你得用心體會；最悅耳的聲音耳朵聽不見，你得靜心聆聽……」《大地之聲》吉米·哈利

吉米·哈利是位英國獸醫，也是位暢銷作家，他所寫的大地系列淳樸真摯、觸動人心，感動了全球無數讀者。龔醫師說大地系列對他影響深遠，吉米·哈利的文章讓他重新去思考，什麼是成功的定義？許多人對成功的定義，建立在周遭的人的認可上面，可能是事業成功、收入很好……，但哈利醫生的生活如此豐富、有趣，是這麼地快樂、被這麼多農民需要，這不也是一種成就嗎？他很羨慕哈利醫生的工作，認為這也是一種成功的人生樣貌。因此，他決定跟著自己的心走，選擇做大動物獸醫、投入牧場工作。

對於大動物獸醫的想像，建立於吉米·哈利寫的大地系列，畢業後一直擔任著巡診獸醫的龔醫師，雖然年輕，但其實已有了自己人生樣貌的想像。他專注投入牧場工作之餘，總會就近找間咖啡店，喝杯咖啡、看本喜歡的書，或是在牧場附近找找美食、享受輕鬆片刻。龔醫師說自己就是到處吃、到處玩，早上在彰化、下午到臺南，這已是他想像中最完美的生活樣貌了。

工作之餘，熱愛戶外運動的龔醫師。
攝影·龔建嘉提供。

攝影 · 龔建嘉提供

結束康乃爾進修回臺後，斗南農會剛好有一個獸醫的職缺，為此龔醫師特別唸書去考農會，但雖然錄取了最後卻沒有去報到。「這件事我會被我媽念一輩子！」龔醫師笑說媽媽很希望他能去農會上班，但他與媽媽有著不同的想法。

實習期間龔醫師學會了所有獸醫技能；前一份工作，他跟著各地的業務全省走透透，去認識酪農、提供獸醫服務，全臺灣五百個牧場他跑了將近三百個，所以才有機會知道全臺灣牧場到底長什麼樣子。那麼重要、可貴的工作經驗，他怎麼能就這樣放棄？況且在提供獸醫服務多年後，他認為自己對酪農已有責任，再加上心中想要的生活方式，所以幾經思考後，他決定跟隨自己的心。慶幸的是，在開始獸醫巡診工作後，曾經合作過的酪農們也都給予支持並告訴他：「沒關係！你出來做獸醫，要怎麼收費，你開，我願意付費！」

巡診一年，看到辛苦、單純的酪農受限於乳品大廠，龔醫師決定挺身而出，希望能建立一個公平的鮮乳交易機制，提高臺灣酪農的能見度，進而增加酪農的收益。2015 年 1 月 30 號，他在 FlyingV 發起「白色的力量，自己的牛奶自己救」群募專案。

短短兩個月，超過五千位贊助者支持，累計總額達 608 萬元。募資到 3 月底截止，龔醫師說自己在剛開始快募集到 100 萬元時，他還在掙扎，是不是真的要「撩落去」，因為做了之後自己所想像的人生就會不見了。但到了 2 月底、金額已達 300 多萬元時，他告訴自己沒有退路、這件事情非做不可。於是他 3 月 5 號便去辦理公司登記，創辦了鮮乳坊。

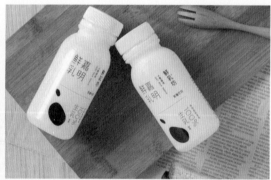

成立不滿四年的鮮乳坊，已獲各界肯定、得獎無數。　攝影・龔建嘉提供

創辦公司這件事帶給媽媽的衝擊，更甚於當初選擇做一位巡診大動物獸醫師。媽媽擔心他無法承受經商的風險、責任、壓力，尤其群募的金額越大，承載的責任與義務就越大。時至今日，媽媽仍會勸他能不做就不要做了。不過天下父母心，媽媽雖然會嘮叨但其實是支持他的，當初創辦公司時的 200 萬元資金中，有一部分就是媽媽支持的。

在大家的支持與認同下，鮮乳坊開始了一切革命的實踐。群募結束後，有贊助者寫信問龔醫師，這是一個單次性的專案，還是會長期運作下去的事業？如果是長期的話，那他的店可以幫忙賣牛奶喔！支持者的提議，激發鮮乳坊展開出「原本不賣牛奶的地方開始賣牛奶」的非典型通路。

補習班、玩具店、書局……，這些一般大眾認為不會出現賣鮮乳的地方，鮮乳坊有著一個小小空間，販賣著自家的鮮乳。沒想到效益還不錯，於是鮮乳坊便開始大量複製這個模式，並發起了一個「我是奶頭」的方案。

每種商品的團購都有一個領頭人，鮮乳坊為此非常有創意地替這些領頭人取了「奶頭」的稱號，並製作「我是奶頭」的別針送給他們。借助奶頭們的家或是店面，讓附近的訂購者取貨，而他們也會用買十送一的方式，回饋給這些奶頭。除了奶頭，鮮乳坊還有「奶粉」們（當時參與專案進而成為會員的支持者）。龔醫師說，若不是奶粉們的支持，嘉明鮮乳第一次在全家上架時，不會有那麼好的成績。

全家便利商店這些年來一直很支持小農，所以當鮮乳坊主動與全家便利商店的 CSR 工作小組接洽後，在全家也認同鮮乳坊的理念之下，雙方開始了第一次的合作。

在鮮乳坊的嘉明鮮乳上架前，全家從來沒有販售過任何小農鮮乳的品牌，對於銷售量並不是十分有信心，因此給了鮮乳坊一個月的觀察期。為此，鮮乳坊開始發動奶粉們進攻全家便利商店，在近兩萬奶粉的支持下，第一次上架便一舉拿下冠軍，嘉明鮮乳的銷量更突破了一般銷量的數倍。

從成立之初，與彰化豐樂牧場合作，以機車在大臺北地區進行最後一哩的配送；到第二年因市場供不應求，於成立一週年之際，進行二次群募、引進了

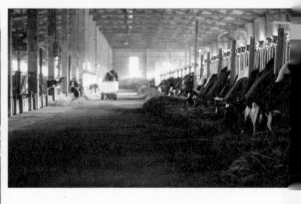

無論氣候是好是壞，牧場自清晨便揭開工作序幕。 攝影・龔建嘉提供

第二家合作牧場——雲林崙背的嘉明牧場，推出小瓶裝鮮乳，在全家販售，並於 2018 年 9 月推出第一支鮮奶以外的正式商品——優格。龔醫師成功地帶領消費者，打贏「自己的牛奶自己救」這一仗。

聚沙能成塔，滴水能成河

創業的路上龔醫師也曾受過冷嘲熱諷。在群募期間，有人質疑他以為可以改變這個產業的想法，不過，一位一向寡言的酪農對他說：「龔醫師，你一定要加油，給我們的未來一個不同的機會！」這句話給了龔醫師很大的鼓舞，也堅定了他無論多困難，都要走下去的決心。

龔醫師認為臺灣當前的酪農業多由大乳品公司收購生乳，採總量管理計價，酪農的辛勞不僅沒有獲得應有的合理報酬，牧場環境是否符合動物福利也不在收購機制規範內，導致酪農欠缺求進步的動力。他強調，有健康的牛才有品質良好的奶，只要養過一天的牛就會知道，「乳牛必須不斷施打荷爾蒙才能不斷泌奶」這句話有多荒謬可笑！乳牛其實很簡單，只要舒服牠就會吃東西，只要吃東西牠就會泌奶，而吃得好牛奶品質就會好。現代化的牧場裡有電風扇、牛床、灑水降溫設備、甚至有電動刷背機，為的就是讓牛舒服產出優質的牛奶。

為了酪農權益以及食安問題，龔醫師投入資源輔導，提升牧場設備、飼養技術，以提供動物更好的飼養環境。他建立鮮乳坊與酪農合作，秉持單一乳源、販售牧場直送鮮乳，讓大家知道自己喝的是什麼，也將更多的利潤回饋給酪農。

此外，鮮乳坊還有一項重要的計畫——成立大動物獸醫師培訓團隊。

全臺灣五百個牧場，只有二十多位乳牛獸醫，龔醫師是其中之一。他深知這個絕對需要改善的吃重工作比例，必須要從人才培養開始改變。因此，鮮乳坊從創立的第一年就開始媒合獸醫系學生到牧場實習的機會。

「每年從獸醫系畢業的學生都去了其他領域，是因為他們根本不知道牧場在幹嘛。」龔醫師認為，現在的學校其實已經沒有什麼機會讓學生接觸到牧場動物。所以他要開放一個場域，讓學生在選擇工作之前，有機會了解這個領域，未來才有可能選擇在這個領域發展。

牧場專業人才團隊。 攝影・龔建嘉提供

食農教育推廣。 攝影・龔建嘉提供

　　為此，鮮乳坊到各校獸醫系辦說明會，宣傳實習計畫。除了媒合牧場與實習生外，鮮乳坊還提供一個月 2 萬多元的實習津貼。實行至今，鮮乳坊已媒合過四十多位學生、發出了 100 萬元以上的實習津貼，唯一的目的就是希望臺灣的大動物獸醫師這個產業可以永續發展。

　　「我覺得人才斷層跟人才培訓這件事是大家的責任，既然我已經看到這個問題，我就要來嘗試解決它。」許多參加鮮乳坊大動物獸醫師培訓的實習生，都還只是大三、大四的學生，尚無法預知他們最後的選擇。不過在去年畢業的學生裡，已有兩位學生在畢業後投入大動物獸醫的行列。這表示透過這個計劃，大動物獸醫師比例已增加了 10%，相信對於龔醫師來說，這無疑是最大的鼓勵與成就了。

你在乎小強嗎？

　　2015 年，龔醫師曾在 TED x Taipei 演講中說道：「你注定要做一件只有你能做的事情！」從讀獸醫系、選擇當大動物獸醫、當兵時為軍犬爭取權益、退伍後堅持做自己要做的事、為酪農產業挺身而出創辦鮮乳坊……，這是他一路走來，慢慢印證的話。

　　鮮乳坊與乳品公司不同，鮮乳坊將自己定位為畜牧公司，以「牧場」的思維去思考，因此鮮乳坊的牛奶很單純，就只是滅菌、裝瓶。而畜牧公司與乳品公司的最終差異是，控管點的不同。乳品公司的控管點是從加工以後開始讓牛奶變得豐富，從加鈣或是滅菌去調整它的味道；而牧場控管的起點是從牧場的環境衛生開始，將牛隻的健康、用藥管理做好。不同的角度，使得思考與邏輯也都不一樣，最後做出來的成果自然也就大不相同。

　　龔醫師認為用乳品的角度去跟酪農收奶是有問題的。由於在意的點不同，酪農要配合的東西就會不一樣。如果消費者在意的不是真正重要的事情，例如畜牧公司應控管的環境衛生、牛隻健康、用藥管理，那麼酪農就只會去做符合乳品公司收購的事；只有透過消費者認知提升，並且用實際的消費行為支持，使得酪農有了和努力相對應的回饋，才更有機會讓產業有所改變。

　　而龔醫師常告訴大家的：你注定要做一件只有你能做的事情，他解釋道：「所謂注定要做的事情，並不是一定只有一件，是指在某個階段要做的一件事。」以鮮乳坊為例，發起至今，如果不是他大動物獸醫的身分以及跑遍全臺牧場的經驗，應該是沒有辦法做的。但他認為下一個階段就不一定是如此，不同的階段有不同的任務與要做的事，屆時應該也是根據誰的專長與經驗最符合需要，就由誰去完成。

　　每個人生長於不同的環境中，經過大大小小不同的學習、體驗，才累積成現在獨一無二的自己。龔醫師強調，對於一件事情的在意與否，並沒有對錯，關鍵在於自己的價值體系，建立了你看待事情的方法，且最終一定會有一些點、或是一件事情觸動了你，而那個觸動，就是你該做的事情。

　　他舉了一個「特別」卻易懂的例子。大部分的人都討厭小強（蟑螂），看到小強的第一反應不是打死牠就是拔腿跑開。至於小強為什麼這麼招人厭？很可能是我們從小就被教育：小強是骯髒的代名詞、是害蟲、身上都是細菌、會傳染疾病……，所以見一隻就要殺一隻。

　　但，就是可能有人不這麼認為。先不談小強的原罪是什麼或有沒有原罪，也許就是有人看到小強後並不會打死牠，而是像對待迷航的蝴蝶般，小心翼翼

地把牠抓起、拿到外面去放生。如果今天這個尊重小強生命，就像尊重你我生命一樣的人，很在意小強被人見人打的事，那麼他就應該去提倡不該打死小強這件事，甚至應該去為小強研發一個拖鞋，一個可以穿在腳上但拿起拍打時，會變成一個籠子的拖鞋，然後再想辦法推廣這雙拖鞋，好讓遇到小強就不由自主要打的人在討厭小強的狀況下，仍可以不打死小強而是將牠放生。

　　這個聽似荒唐的例子卻很有力。哈利波特中飾演妙麗的艾瑪華生，目前也是聯合國提倡女性平權的形象大使，她曾經在一場聯合國演講中說道："If not me, who? If not now, when?" 中文意思是「捨我其誰，更待何時」。會觸動你、對你來說很重要的事物，別人可能習以為常或並不在意，因此，這件事就是注定只有你能做的事。

使我們釋放最大潛能的，
不是力量或知識，而是鍥而不捨的精神。

——英國首相 邱吉爾

慕渴股份有限公司
成立：2015 年
創辦人：龔建嘉
新北市泰山區明志路三段 83 號 2 樓
https://ilovemilk.com.tw
Facebook & Line 搜尋：鮮乳坊

雲林臺西淨灘。 攝影・龔建嘉提供

從大自然中找尋真實、質樸的本味，
如此熱忱的心，
是為了食安、心安；
是為了照顧小農、照顧你我的餐桌。
回歸質樸，就能嘗到食物的美味，
愛上美味，愛上新鮮。

共生、共好的康健人生

「除了商品立即下架及無條件退費外,最重要的是日後每一項商品都必須送到檢驗科技中心、取得測試報告書後才可上架;同時聘請兩位取得食品檢驗分析乙級技術士證照的專員,詳細檢查文件與成分顯示欄位。雖然每年將因此增加近 200 萬元成本,但這是我該做的,是我對消費者的承諾。」

沒有推諉塞責、沒有避諱,愛上新鮮董事長吳榮和懇切地說明,在商品兩次爆發產品標示不符合規定後,他的危機處理。同時也正向地表示很感謝這兩次事件的發生,讓愛上新鮮能在成立 4 年後及早發現需要改進的地方。

同樣是生鮮食材販售,在出現食安疑慮時,多數大型電商的處理方式是將商品下架,將責任歸咎於製造者;但愛上新鮮不同,董事長認為主打嚴選把關的電商,品牌和商品是命運共同體,必須把信譽及責任扛下。

今年才 46 歲的吳董事長,笑說自己已在水產業打滾 30 多年,「不誇張!我是貢寮人,從小在靠海的小漁村長大,家裡有漁船,父母一生都從事海捕撈業。」耳濡目染下,他自幼就希望以此為業。

人生在勤,不索何獲

從小就比哥哥姊姊要更活潑好動、甚至更叛逆一點,生長在漁港邊的吳董事長,受父母親的影響,從小接觸海洋,對水產生物不僅熟悉更有莫大的興趣,因此在求學路上一直都選擇水產相關的科系就讀、做研究。務實的他,有著任何事情都要貫徹、做到好的個性,連實習都選擇旁人眼中最辛苦的實習單位──基隆崁仔頂漁市場!他解釋,雖然得在半夜工作、長期的晨昏顛倒使人疲累非常,但只有在那裡才能接觸到這個領域的百態,無論是漁獲的增減、價格的變動、攤商間的互動……,只要有心,可以學到很多東西。

八〇年代初期，臺灣的水產貿易行業正蓬勃發展，但當時的從業人員卻並非都畢業於水產相關科系，許多人是以土法煉鋼、沿襲上一輩的方式在進行水產業。而具有理論基礎的董事長在覺察此現象後，便妥善地運用專業與他人做區隔，將產地、產季、新鮮保存的觀念帶入工作中。初入社會的他因此在工作上駕輕就熟，學得又多又快，再加上他不吝分享自己的想法與方法，故而發展得很順利。當年他在水產貿易公司當業務時，會主動觀察、研究臺灣水產市場，每年養殖的量有多少、從國外進口的量又有多少，什麼時候漲價、什麼時候跌價，並將這些資訊整理好、交給與其合作的盤商。這些額外的服務在八〇年代幾乎沒有人提供，而這些服務又都在業務上獲得了應證，久而久之，盤商便與董事長有著不同一般業務的交情。

退伍後一直在同一家公司服務的吳董事長，因既是科班出身又勤勞肯學，在傳產領域如魚得水，一路從基層業務爬升至副所長、所長、業務經理以及跑遍世界的採購經理。服務了 13 年後，由於原本的公司進行改組，在養殖、遠洋漁業，魚蝦貝類等各領域都累積了豐厚資歷及人脈的董事長，有了自己創業的想法。他不僅獲得了太太的支持，客戶更是紛紛鼓勵他，因此便在 2008 年毅然決然地跟幾位同事集資、創立了金慶水產公司。

上圖：求學時期就已立定目標，勤奮向學的吳董事長。 攝影・愛上新鮮提供

敬業務實，求精創新

　　雖然進入水產業的技術性要求不高，只要買得到貨、銷得了貨就可以進入。但進口水產，一個龍蝦、干貝的貨櫃可能就要7、800萬元，若一個月要做1億元的營業額，必須至少要有3億元的周轉金，也就是說水產的創業資金門檻並不低。再加上臺灣的冷凍水產品，魚蝦蟹貝軟皆有8至9成倚靠進口，缺口很大的同時，需要的資金也就更為龐大。沒有富二代的背景，吳董事長與同事們靠的是各司其職，把採購和行銷計劃做好，不讓斷貨及滯銷的問題發生。當周轉快、庫存控制得宜，財務就可以保持穩定。

　　「剛創業時我們只有5000萬元的資金，還好信保基金給了我們很大的協助！」有了銀行的資金支持，再加上眾多的優質客戶、廠商支持吳董事長，金慶水產公司從創立時的十四名員工、5億元營業額，在第二年就立刻翻倍、達

到了10多億元。聽來很驚人的數字，董事長卻淡然地說要做到並不難。他表示，假設一個貨櫃需要1000萬元，十個貨櫃就是1億元，如果一個品項一個月做一個貨櫃，十二個月就是1.2億元。而10多億元不過也才一百多個貨櫃，平均一個月才十幾個貨櫃，依當時的創業資金來看，金慶水產的規模還不是最大的。

　　臺灣的草蝦幾乎有9成9都仰賴進口，剩下的量才是臺灣本土養殖。面對這龐大的需求，要從哪些國家進口才合乎成本？是純海水養的草蝦好吃、還是淡水的草蝦好吃？如何選擇、判斷倚靠的便是專業和經歷。董事長說他有一個最大的後盾——務實的實務經驗。他不是只坐在辦公室裡打電話、看報表的人，而是國內、國外到處趴趴走的行動派。無論採購什麼商品，產地在哪裡他就往哪裡去、與當地漁民做朋友，任何一點細節都不放過、所有環節都認真地去瞭解。除此之外他亦善用數據分析，因此，在實務經驗與科技分析的結合下，短短5年內，新成立的金慶水產公司便拼進了全臺前十大水產貿易公司。

1	2	3	4
5	6		

1. 與丹麥水產商合影。

2. 與加拿大水產商合影。

3. 參訪越南農產品加工廠。

4. 與冰島水產商合影。

5. 與智利水產商合影。

6. 布魯塞爾水產展會場。

攝影・愛上新鮮提供

改變現況從自身做起

1979 年，臺灣相繼發生米糠油中毒及假酒事件，引發民間消費者保護團體興起，食品安全征戰序幕自此開啟。2011 年塑化劑事件，臺灣再次爆出一系列重大食安問題。各種食安事件、「黑心食品」的出現與水產業界潛規則接連浮上檯面，讓董事長反思，身為中盤商的他難道不能做些什麼嗎？每次聚餐時面對一桌子豐盛的海鮮料理，自己都不輕易動筷子，是因為那些看起來鮮美可口的海鮮可能都被人工加味了。董事長表示：「水產養殖源頭幾乎不用藥，但在捕撈、運輸、販售過程中，下游業者為求賣相與賣價，可說獨門配方盡出。」

董事長認為由於產業封閉，許多人是承接上一代的做法，根本不知所以然而為之，所以也不能過於苛責。他認為雖然無法改變別人，但至少自己可以把好的食物提供給消費者，並教育消費者什麼才是好的，不過當年臺灣消費者對於在網路上購買生鮮食品的接受度不高、信任度不夠，認為東西新不新鮮要看到、摸到、自己挑才安心。因此，雖然董事長有經營電商的想法，但整體大環境的氣候尚未成熟，他便不貿然行事只能等待。

2012 年，他再也受不了自己從國外進口的無毒蝦仁，被中下游廠商添加膨發劑，決定不再透過他人，自己成立網站賣水產。跳過中間商，將以自己專業嚴選出的食物，經由網路直接賣給消費者，並更有效、加乘地做一些發揮，延續金慶水產公司可以做的事情。為此，他與擅長社群行銷和物流業務操作的張佑承聯手，正式進軍生鮮電商市場。

相較水產公司的創業資金門檻，電商要低得多。董事長的背景讓愛上新鮮沒有商品、貨源及倉儲的問題，可以將創業的資本投注在網站架設、行銷與人事管銷上。2013 年初營運，他以「旬食、淨食、安心食」為號召，以「爆品」——物超所值的超大隻智利深海熟凍帝王蟹，成功在臉書上打響名號，寫下生鮮電商兩個月營業額衝破 1000 萬元的紀錄。

吳董事長親自前往產地瞭解採摘作業。

| 1 | 2 |
| | 3 |

1. 嘉義義竹桑椹。

2. 與美國威士康辛州許氏蔘業集團總裁合影。

3. 美濃橙蜜香小番茄。

攝影・愛上新鮮提供

生存的核心，商品差異化

愛上新鮮初期，董事長同時身兼兩個公司的採購，除了自己專長的水產類食品外，也持續在肉類、蔬果、零食各領域摸索、研究。2015 年有感於直接面向消費者的 B2C 電商工作所需要花費的精力更甚於水產貿易的 B2B，且肩負的責任也更重，因此他主動退出金慶水產營運團隊，將經營權交給夥伴負責、自己只保留股東身分。從此更加專注在愛上新鮮的新品開發上，無論海內外，每一件商品他都溯源到產地或批發最前端親自嚴選。

除了精挑細選商品外，如何處理食品董事長也有自己的一套。像是對於處理魚肉方式的堅持並非是為了賣弄，更不是外行領導內行。董事長多年的經驗告訴他，鱒魚經過冷凍後口感會被破壞，以冰塊保鮮才能確保肉質纖維不會被冷凍的冰晶所破壞，他堅持自己賣的鱒魚要有好的口感，這樣的處理方式才是對的。

為了確保貨源，他曾帶著員工到養鱒場一起殺魚包裝，執行「冰鮮宅配」的壓力測試。連續三個禮拜各寄一批魚到中南部、東部員工的家，看看經過宅配的魚是否符合自己的要求。測試過程中，員工家人紛紛表示，收到的鱒魚不僅新鮮，口感更是比冷凍的還要好。董事長用學術理論及實作，成功取得了養殖業者的認同。

至於蔬果，他也會親自前往產地，瞭解農友使用的農法、栽培方式後在網頁上詳加說明，甚至分享如何食用才能攝取到最高的營養成分，最後再以鮮採直送的方式送到消費者手中。所有在愛上新鮮販售的商品，包括蛋糕、牛排、各類熟食……，也都無一例外，皆經過嚴格篩選、夥伴們試吃評估後才推薦給消費者。

愛上新鮮之所以能不斷推出爆品，其原因在於吳董事長與創業夥伴張佑承兩人產銷兩端各自專業分工的實力。負責採購的董事長，在採買選品上擁有獨到見解，更有能夠精準研判商品區隔度與毛利的專業經驗；而擅於行銷的張佑

2

1

1. 馬來西亞白蝦養殖基地。 攝影・愛上新鮮提供

2. 越南冷凍蝦類加工廠。 攝影・愛上新鮮提供

承則適時以誘人的優惠促銷、標示已售出的商品件數、相關檢驗測試報告書等手法操作，刺激消費。

　　愛上新鮮在創業初期便建立出一套完善的流程，各部門依 SOP 進行，使得作業快速且流暢。以櫻桃為例，董事長會在每一批貨櫃到貨後，直接去倉庫挑選 9ROW[1] 的櫻桃，並研判盤價的獲利空間。待確定採購後，團隊便在二十四小時內完成拍照、美編等作業，只等檢驗中心報告出爐就可立即上架。

---

1. 櫻桃大小分級依生產國標準而定，目前世界訂定標準分別為「ROW」和「mm」兩種，歐美地區大都以 ROW 為單位；紐西蘭、智利、澳洲等則使用公制單位 mm。ROW 值越小，果實越大，mm 則相反。

櫻桃尺寸規格對照表

ROW	8.5(XXL)	9(XL)	9.5(L)	10(M)	10.5(S)	11(XS)	11.5(XXS)
mm	31.4mm	29.8mm	28.2mm	26.6mm	25.4mm	24.2mm	22.6mm

危機，讓我更上一層樓

2017 年 5 月，愛上新鮮接到農友求救電話，說是葡萄已經熟成，再不採收就要過熟、變軟甚至爛掉了！一向古道熱腸的董事長立刻就在電話中答應採購販售。不料，6 月銷售期間被議員指出這一批葡萄的產銷履歷不符。經過了解、確認問題後，愛上新鮮立即於第一時間將商品下架、發布無條件退費的訊息，並同時說明彰化產地直銷的盒裝葡萄之所以被爆出問題，是由於農友不熟悉產銷履歷標章規定，不同鄉鎮的農戶揪團把不同標章印在相同盒子上出貨，並沒有農藥殘留或是其他食用上的安全問題，以解消費者的疑慮與擔心。

而次月，愛上新鮮又被指出自泰國進口的鮮凍龍王鳳梨含有「甜精」，違反《食品安全法》必須標明添加物的規定。一接獲這個訊息，董事長立刻要求倉庫取樣送檢，並同時與泰國聯繫，力求在最短時間內瞭解來龍去脈。然而檢驗結果卻與爆料者指出不同──沒有添加物！而泰方的解釋是由於銷量實在太好，合作的泰國生鮮廠收購不到足夠的頂級產品，為了應付訂單，就擅自將添加甜精的鳳梨混在其中，因此才會有部分商品有添加物的問題。

為了實踐對消費者的承諾，同時讓合作廠商明確知道與愛上新鮮合作必須做到誠信、一點都不可混水摸魚，除了無條件退費給消費者外，愛上新鮮也同步跨海打官司。所幸，愛上新鮮 5 年來所累積的信譽、負責的處理以及一連串的把關再進化行動，重拾了消費者的信心。

除了新鮮水產、蔬果、肉品的業績持續成長外，後來發展的自有品牌，像是輕采養生藜麥毛豆、特製萬丹微糖紅豆水、無人工添加物的各式果乾等也廣受好評。此外，將傳統產業轉型為電商的經驗複製給其他公司，建立提供品牌官網、導流、行銷曝光、倉儲出貨等「代營運」業務的子公司「愛上大數據」與跨境電商模式；而把現有商品銷往海外市場的「愛上臺灣」，均有亮眼成績。未來，愛上新鮮更計劃發展 O2O，以提供消費者更多樣的選擇。

不怕仿效，只希望消費者好食、安心食

　　愛上新鮮特別在網站上額外提供比照圖、產地訊息，致力將正確觀念傳遞給消費者，這樣的做法已有其他電商開始仿效。對此董事長不但不以為意，反而認為是好的，因為大眾有知的權利，有了正確、詳盡的商品資料也可相互監督，提醒電商自己要做好。

　　不過這樣與消費者單向的溝通，董事長認為仍有難以突破的瓶頸。雖然他一心想將在學校、工作上所學的專業推廣給消費者，但消費者根深蒂固的認知，有時卻很難扭轉。就像大多數人認為常溫水產比較新鮮，賣不完或是有損傷的，

愛上新鮮自有品牌商品：輕采養生藜麥毛豆、日光北海道十勝乳酪蛋糕、100% 無添加金鑽鳳梨花、卡拉脆蝦。　攝影‧愛上新鮮提供

才會拿去冷凍。無論是在水產、肉品、蔬果或零食方面，有許多觀念仍需要被加強、改正，但只要是做對的事情，無論要花多久時間、多少精力，董事長都會一本初衷地繼續努力，盡可能將正確的知識帶給大家。

雖然電商的獲利優於水產貿易，但相對地要做的事情也更多。水產貿易的經營是一千個客戶帶來 10 億元的營業額，愛上新鮮則可能是一萬個客戶做 1000 萬元的概念，要做的事情卻更加地複雜、細節也更多。基於堅持要做對的事情，董事長並不以此為苦，他認為身為電商，可以把對的事情直接透過網路去跟消費者做介紹；上一代、上兩代人做的一些非正確的事情，可以藉此有機會去修正、導正，對此他是樂在其中的。

在經濟全球化，商品全球分工、採購、生產之下，食物中隱藏的危險變得不易察覺。我們的餐桌上，隨時可能出現來自世界各地的食材，而這些我們所食用的食物，有可能因為飼養、栽種、加工、運輸等原因，出現受重金屬汙染、農藥殘留，人為施打抗生素、生長荷爾蒙、添加物等各式各樣的問題，每天不知有多少種有毒化學物質進入我們的身體，每吃一口食物，就必須承擔難以估計的風險。

董事長認為一生能賺多少錢雖然無法由自己決定，但卻可以盡一己之力去做良善的事——為食安努力，協助遭遇瓶頸的小農找一條揚眉吐氣的路，傳遞對的觀念、堅持做對的事情才能心安理得。

如果一個人不知道他要駛向哪個碼頭，那麼任何風都不會是順風。

——古羅馬哲學家 塞內加

愛上新鮮股份有限公司
成立：2012 年
創辦人：吳榮和
臺北市八德路一段 23 號 9 樓 -1
https://www.i3fresh.tw

Chapter 2

無畏，勇敢走下去

持續精進自己，在工作與生活中慢慢體驗摸索，找出熱情所在。即使眼前有著挑戰，也能無所畏懼的走下去。

夢想與現實，有時只是一線之隔。
即使偶有暴風勁雨，
若能堅持自己的信仰，
投以專注與熱情，
終能守得雲開見月明。

攝影・湛盧提供

一生唯一念 Coffee only, own roast, and hand drip[1].

Quand il me prend dans ses bras, 當他輕擁我入懷
Qu'il me parle tout bas, 低聲對我呢喃細語
Je vois la vie en rose, 我的眼前浮現了玫瑰人生
……

La vie en rose（玫瑰人生），1946 年法國國寶 Édith Piaf 的代表作，同時也是湛盧 2017 年度代表。

「玫瑰人生」是精品咖啡專門店湛盧董事長廖國明三天的心血，他說玫瑰人生是結合兩種淺焙豆子的配方，入口時柔柔淡淡的酸與甜，很像戀愛時的浪漫滋味；細品之後出現巧克力的醇度，一如堅貞的誓言；最後，紅茶口感的尾韻，就像伴侶間綿長的依戀。

一杯咖啡就像一件完美的工藝品，充滿藝術氣息的廖董事長娓娓道出他對咖啡的熱愛，創辦湛盧已 15 年了，但談起咖啡，廖董事長仍是熱血不減。很好奇一個小時候立志要當科學家，一路從清華工業工程系、交大管理研究所畢業的理工男，是如何從資訊業走上這條感性與理性兼具、浪漫而又艱辛的路。

失業，契機！

「畢業後我進入了傳播業學習拍片，與所學相距甚遠呢！」董事長爽朗地笑說自己在求學過程中，對於理工始終抱持著興趣，物理系更曾是他心中的第一志願，但最終為了讓家人安心，選擇了工業工程就讀。只是自己從未想過，最終會踏上咖啡這條看似與理工完全無關的路。

---

1. 出自日本咖啡之神，關口一郎。關口一郎在日本烘焙咖啡界有著無可取代的地位，他唯一的信念就是如何將咖啡煮好。Coffee only, own roast, and hand drip 是他所經營的咖啡館「珈琲だけの店」招牌上的英文。

廖董事長沖煮咖啡。攝影‧湛盧提供

　　大學時期對電影產生極大興趣的董事長，畢業後原本給自己 3 年的時間，盡情地在傳播的各個領域學習、歷練，然後再進入與所學相關的行業，沒想到卻一待就是 10 年。雖然他熱愛這個行業，但因為不喜歡當時的就業環境，最終還是進入了資訊業，負責產業研究、組織管理方面的工作。意想不到的是，老東家因受到網路泡沫浪潮的波及而結束營運。

　　長達 11 年的安穩工作，在 35 歲之際有了轉折。廖董事長當時思考著是要繼續走原來的路，還是藉此機會做個改變？「一個男生一輩子若是沒有創過業，我相信到了 70 歲的時候，一定會有所遺憾的。」他說自己雖然也想過再晚一點、準備更充分一點後再創業，但又覺得男生過了 40 歲就會變得膽小，如果不把握當下，很可能就再也不會有此想法及勇氣了，因此下了創業的決心！

　　當時認為既然要創業，不妨就任性地選擇自己所喜愛的去做。然而雖然還不知道市場在哪裡，但董事長並非只因興趣就盲目地選擇咖啡創業。他與夥伴創業開店前，運用自身產業研究的專業分析全球的咖啡市場，當時臺灣每人的年平均咖啡消耗量是四十杯，而日本是臺灣的六倍。若依兩國社會發展推算，產值上看 300 億元的生意是值得投資的。再加上 1998 年星巴克進入臺灣，引發義式咖啡風潮，常可看到白領人手一杯走在街上、或是下午聚集在星巴克的情景。而當時還是白領的廖董事長也同樣為星巴克著迷，但他不僅喝，也做觀察和研究。

攝影・湛盧提供

　　星巴克的成功，讓董事長認為進入咖啡業的時機到了，便在湊足 100 萬元資金後開始踏上圓夢之路。「現在想想覺得自己好勇敢喔！那時候膽子怎麼那麼大。」董事長回憶道，一開始他只是想開個十幾坪的小店，賣他精心沖煮的咖啡，擁有一群與他氣味相投的好客人。

誤判市場，營運失利

　　初創業時董事長便鎖定精品咖啡，也就是純做咖啡不賣餐點，再加上鎖定星巴克客群的他有自信沖煮出來的咖啡品質優於星巴克，而價格又便宜兩成，因此很是看好開業生意。

　　不料，第一筆資金在開業的半年內就燒完了，那時他才驚覺自己高估了臺灣咖啡市場的進化。在當時咖啡館裡若純粹只有咖啡沒有餐點，是不太會有人上門的，很少會有消費者只為了一杯咖啡專門而來，他的經營方式比市場需求早了 10 年。

　　且當時沖煮咖啡並不盛行，多數人喝的是三合一咖啡，對咖啡的瞭解不足使得消費者會用價格來認定咖啡的價值。因此，當湛盧咖啡的定價低於星巴克時，消費者便認為那是次等品，並不會因為便宜而上門捧場。因此平價卻高品質的湛盧咖啡，在當時平均一天賣不出三十杯。

　　再加上在興安街承租的店面位於偏僻的角落，雖然敦化北路高級辦公大樓林立，但人潮並不往湛盧的方向移動。草創時期，生意清淡偶有兩三位客人，董事長每天唯一「忙」的就是兩件事：跑三點半以及研究咖啡。他與夥伴兩人每天練功，反覆杯測豆子的品質與調配的比例，實驗的豆子高達上百公斤。

　　即便處於虧損，付不出房租、付不出自己與夥伴的薪水，董事長並未放棄。除了研究咖啡、找出屬於自己的味道外，他們也想辦法開發市場。山不向我走來，我便向山走去，廖董事長決定主動出擊、開始推廣外送。

　　他們在附近的商業大樓中找尋適合的企業舉辦試喝，像是聯強、理律法律事務所等福利好的企業，透過試喝發現湛盧咖啡的好品質後，成了湛盧的客人，開始固定向湛盧訂購外送。雖然生意慢慢有了起色，但因為沒人教、一切靠自己土法煉鋼，因此被拒絕的機率很高，業績也僅止於可以存活下去。

　　堅持了將近 6 年後，湛盧才開始有所突破。董事長說除了研究咖啡外，與客人深入地互動，挖掘他們的喜好、理解客人的想法也是他們所重視的。所以雖然生意不好，但過程中與不少客人成為好朋友，如今有好幾位湛盧的股東就正是當年的常客。

　　2004 年，位於青田街的 V1492 基金會想要將一樓的空間外包做為聯誼廳，一位在基金會擔任講師的要好常客，便引介湛盧在那兒開咖啡館。青田街的街廓很美，小小的、幽靜的高級住宅區非常適合湛盧。由於承租的代價不高，董事長決定以青田街做為打造湛盧新樣貌的起點，修正在興安街經營時的失敗經驗，打造一個符合消費者期望的咖啡館。

新的起點

　　興安街營運失利，除了地點位置不好、定價策略錯誤，還有呈現咖啡的方式以及對消費者需求的回應都需要改進。這些問題帶給湛盧財務上很大的負擔，因此董事長痛定思痛，決定從最基本的開始改變。

　　首先，第一件事情就是買進小型的商業烘豆機。董事長決定自己烘豆子，因為買現成烘好的豆子，咖啡味道便掌握在別人手裡，只有自己烘豆才能開發出屬於自己的味道。其二，董事長認

攝影‧湛盧提供

湛盧獨具風格的客席桌邊手沖服務。 攝影·湛盧提供

為咖啡送到客人手中時，必須符合客人對咖啡的想像和期待，因此需要透過一些儀式化的動作來呈現。

　　同時他認為光是會煮咖啡還不夠，他希望能讓客人感受到服務的溫度，讓客人在喝到好咖啡的同時，更有機會一起享受煮咖啡的過程。他設計出一套「客席桌邊手沖」服務，在客人面前沖煮咖啡，除了讓客人聞香、喝到美味，也可以透過互動將專業與服務熱忱帶給客人。

　　董事長說不論是 Espresso（義式）、French Press（法式濾壓）都可以煮出好喝的咖啡，但很難在桌邊做服務，且如果要依循當時日式咖啡的做法，在器具上應該選擇 Syphon（虹吸式）。但 Syphon 以玻璃製成容易破損，對於沒有豐厚資金的湛盧來說成本太高難以負荷，因此退而求其次選擇不影響咖啡品質的手沖。沒想到這個與客人共享過程的體驗，竟帶來意外的驚喜，讓湛盧一炮而紅。

　　這全新的大膽嘗試證明之前花時間、精力所做的研究與觀察是對的，不打價格戰、回歸咖啡與服務的本質才是消費者要的。而沖煮前如何準備、如何與消費者互動，湛盧發展出一套 SOP，不僅讓所有夥伴在服務時有所依歸，也經營出具有獨特品味、專屬於湛盧的消費層，對湛盧後來的發展有很深遠的影響。

　　在那段辛勤經營的期間，許多臥虎藏龍的常客都是湛盧的貴人。廖董事長說當時仍是臺大醫學系學生、現已是高雄長庚醫院核子醫學科主治醫師的張雁翔，便曾為他牽線找到可少量進貨的優質豆商，也會邀集同好以湛盧為基地，一起熱血地研究咖啡豆的烘焙。

　　另外，COSTCO（好市多）的採購也曾為湛盧廣開宣傳大門。董事長回憶 2008 年的一天，一位自稱是 COSTCO 採購的小姐遞名片給他，表示正在尋找優秀的廠商參加賣場舉辦的大型 roadshow，鼎泰豐、新都里都曾受邀參加，希望湛盧也能一起加入。從那年起，湛盧連續 4 年在全省 COSTCO 巡迴，透過手沖法的示範，介紹湛盧的咖啡豆和濾掛咖啡。

舌尖上的記憶

　　很好奇為什麼願意忍受初創業時連年的虧損，而不乾脆關門大吉回到自己的本行？董事長說，他永遠忘不了 9 歲時所嘗到的神奇滋味，他認為那是上天賜予人類的珍貴禮物，他要將它推廣給大眾，因此再苦也要堅持下去。

　　小時候家裡經濟雖不豐厚，只是小康家庭，穿的、用的都很一般，但對於好吃、好喝的東西，董事長說媽媽從來沒少給過，她總是盡可能地在有限的預算中，讓孩子們接觸到好的食物。如今回想起來，自己在進入咖啡業後才被發現的、品嘗美食上的天賦，都應歸功於媽媽帶給他的影響。

　　而與咖啡的因緣，要從小學二年級那一年的夏天開始。那是個大熱天，董事長的表哥神祕地從冷凍庫拿出製冰盒，嘩啦一聲地從裡面掉出許多黑色冰塊，表哥一臉耐人尋味地要他嘗嘗。起初他以為是仙草冰，但放入口中後

那苦苦甜甜、難以言喻的味道，是他從未體驗過的滋味，後來才知道原來那是表哥用雀巢即溶咖啡及許多糖調和出來的。

「我永遠忘不了，9歲那個夏天的黑色冰塊，那神奇滋味是我舌尖上永遠的記憶！」

國小時那難忘的黑色冰塊在董事長心中埋下種子，在高中時迷上咖啡，進了大學後更是只要一有時間就泡在西門町的咖啡館裡。董事長讀清大時，臺灣雖然還未跟上國外腳步流行義式咖啡，但已開始有研究咖啡的社群出現，他便在這些網站上看了許多有關咖啡的文章及網友們的心得分享。

在兼任家教有了外快後，他常留連在南美、門卡迪這些老牌咖啡館，除了喝咖啡，他也觀察店家如何沖煮，甚至在南美咖啡買了一套 Syphon 及咖啡豆回宿舍試驗。董事長笑說他跟同學兩個人很有實驗精神，曾用一個下午時間，以不同的比例試煮出了十六杯咖啡，最後還因為捨不得倒掉，兩個人一口氣喝完了所有的咖啡。

對廖董事長來說，這些經驗為後來創業帶來很大的幫助。除了從小對咖啡保持著高度興趣外，所學的理工可以讓藝術與其結合。藝術是感性的，有了科學做背景，經由反覆的試驗、精準的工序，才能讓咖啡完美地一再呈現。

攝影·湛盧提供

一生唯一念 Coffee only, own roast, and hand drip.
湛盧 Zhanlu

攝影・湛盧提供

充滿故事與人味的咖啡館

2000 年，董事長前往北京出差時，發現全北京找不到一家咖啡館，甚至連罐裝咖啡都很難買到。也許是產業研究的職業病，覺得不可思議的他開始研究咖啡產業。他發現全世界的咖啡產業發展歷程都一樣，從農業社會進入工業社會時，會產生對咖啡第一階段的需求──提神，就像臺灣從戰後至今 6、70 年的歷程中，前 40 幾年即溶、罐裝咖啡就可以滿足大家的需求。而在進入商業社會、甚至個人主義興起後，需求才逐漸轉變為現煮咖啡。

當時他便推測，那時已是世界最大代工廠的中國，在未來的 10 年中咖啡產業應該會迅速地發展。剛好那年在交大念碩士的行銷學課程中，老師要求大家分組，在學期末時交一份創業報告。由於大部分的同學都在新竹園區的科技公司工作，因此多數小組都是以先進的科技產品為發想，而董事長卻說服組員做了「到中國賣咖啡」的計畫。

當時臺灣已有不少義式咖啡館，所以知道 Espresso 是指濃縮咖啡、Latte 是拿鐵、Cappuccino 是卡布奇諾，但中國則不然，商品叫 A 咖啡還是 B 咖啡，對他們而言並沒有差別。因此，廖董事長與組員們就以中國文化作為命名咖啡的靈感，天馬行空地用中國式的外衣包裝義式咖啡。

其中一位組員看到了「湛盧」寶劍的故事，認為這兩個字很能代表 Espresso 的精神。因為 Espresso 在沖煮的過程如同歐冶子鑄劍，在高溫烘焙中須要精密、專注；同時 Espresso 的顏色就像湛盧劍般有著深厚的黑，因此他們就將 Espresso 取名「湛盧」。而加上奶泡後的 Cappuccino 就以李白舉杯邀明月，對影成三人的意象命名為「邀月」。當時這份與眾不同的報告得到了老師的激賞。

2003 年，廖董事長創業。他想到那份創意十足的作業，因此打電話給當年的組員們，徵求同意使用「湛盧」為咖啡館的名字。「取了這個名字，就注定了此生與工藝、淬煉脫離不了關係。別人開公司是為賺錢，我開公司是為了磨練技術。」

藝術與科學的結合

對咖啡，廖董事長有一顆熱切無比的心，他不只愛咖啡，也愛客人，希望自己沖煮、呈現給客人的咖啡是全世界最好的。因此，他不斷地反覆試驗，從生活經驗中擷取靈感，研發新商品。

研發新商品有時只需數天、有時卻要花上好幾個月，題材與經驗的結合需要實際動手做了才知道是否可行。董事長舉 2015 年湛盧發表的「玫瑰人生」為

攝影・湛盧提供

攝影‧湛盧提供

例。由於自己喜歡音樂、喜歡電影，所以常在 YouTube 上逛。有一天看到以前常聽的 Édith Piaf 的〈玫瑰人生〉，突然有了特殊的感覺，於是他又接著聽了六○、八○等各個不同年代的翻唱版本。

同樣的一首歌，有的低迴吟繞、有的熱情奔放，如此豐富而不同的感覺，表達的都是一個女子對她愛慕之人的熱切情感。這真是太棒了！聽著不同的版本漸漸有了：這一段有耶加雪啡的味道、那一段有瓜地馬拉的感覺，董事長就此有了創作新品的構想。由於鑽研咖啡已 10 餘年，熟知各種咖啡豆的特性，因此，玫瑰人生很快就在三天後誕生了。

不過並非每一次研發都是如此快速、順利。董事長說，若是先有了題材，要憑空找出東西，那麼花的時間就相當長了。他回憶當初「台北曼波」的研發，這款豆子並非以市場考量為出發點，純粹是以自己的喜愛去創作，研發過程相當的長。

　　2008 年湛盧受邀參加臺北咖啡節，一開始很被動，主辦單位說什麼就做什麼，雖然幸運地獲得評審青睞、得了獎，但董事長並未因此滿足，所以當第二年再參加時，他認為應該要發展出主題性。

　　他回想念書時在咖啡館裡坐在吧檯靜靜看著師傅，優雅也好、粗魯也罷地沖煮咖啡，每一縷煙、每一回的香，都是一張張清晰、動人的特寫鏡頭。那些他在臺北喝咖啡的記憶串連著國小時初嚐的神奇滋味，所有浮光掠影的片段，在腦海中清晰地播映著。

　　這些喝咖啡的記憶，記錄了許多他在過去幾十年的生命歷程中很重要的片刻，他相信自己的感動，也可以感動他人。就這樣前後大概醞釀了兩個月，才慢慢地試出基底、塑造輪廓。甚至連那個能夠呼應老舊但輝煌年代的台北曼波四個字，都是企劃單位花了很久的時間才定出來的名字。

信仰與初心

　　早期不擅經營處於虧損時，廖董事長沒有放棄，憑著對咖啡的熱愛，他將時間花在鑽研上，從失敗中練就出堅持與功夫，讓湛盧咖啡逐漸發光。他的信仰——精品咖啡是老天爺賜給人們珍貴的禮物，從未改變。而這份來自上天的恩澤，必須與眾人分享，因此，他竭盡所能地「推廣」。

　　廖董事長除了藉由大眾熟知的手沖館介紹他苦心烘焙、研發的咖啡豆外，也成立以平價、外帶、外送為主的 COFFEE•Z；他開課教授咖啡的沖煮技巧、舉辦品賞會、接受各方的演講邀約；依消費者的需求把湛盧自行研發、烘焙的咖啡豆轉變為簡便的商品，像是濾掛式咖啡、全程在日本製作的液狀「極萃咖啡」，便可讓消費者在家中、辦公室，以簡單的方式重現在湛盧喝到的好味道。

　　在競爭激烈、消費低迷的市場中，廖董事長仍積極規劃著未來的營運方向，他不貪求拓展，珍惜著得來不易的品質與聲譽。「咖啡業創業門檻雖然

低但獲得成就的門檻極高。」他以自身的經驗提醒將進入咖啡業的後輩，尤其是懷有極度熱情與浪漫的人，不可低估現實面——市場及財務，這是創業者常犯的錯誤。樂觀的人會高估自己得到市場肯定的時間，便不將市場、財務放在眼裡，董事長說包括他自己早年亦是如此，而這是很危險的。他建議新創業者，創業資金的準備至少一定要是自己預估的兩倍以上，否則很容易有周轉上的問題發生。

　　其次，自律也很重要。他認為許多人創業是為了自由，時間的自由、錢的自由……，透過創業，確實有可能獲得想要的種種自由，但與此同時必須謹慎、不能隨意濫用。包括長時間狂熱地投入工作中，因而忽略了家人、忽略了生活，這樣的人很少能有永續成功的事業。

攝影・湛盧提供

　　董事長說，若企業是輛火車，那麼財務便是它的燃料，縱使有再偉大的理想去驅動它，燃料一旦燒盡，那麼火車便只好宣告報廢、無法再繼續前進了。他很慶幸自己在這幾年有了得力的財務主管以及信保基金的支持，協助他與銀行溝通、取得了銀行的支持，讓他能繼續走在夢想的路上。

　　一劍揮落巨石分，歐冶子試劍只是傳說，但廖董事長的湛盧，隨時有好咖啡在你我需要時熱情、真誠地提供服務。細細品味湛盧關注、苛求的每一杯咖啡的每一個細節，從選豆、烘焙到沖煮，每一杯咖啡都蘊藏著湛盧投注其中的專注、鍛鍊與堅持。

只有經過地獄般的磨練，才能煉出創造天堂的力量；
只有流過血的手指，才能彈奏出世間的絕唱。

——印度詩人 泰戈爾

攝影‧湛盧提供

湛盧實業股份有限公司

成立：2003 年

董事長：廖國明

新北市深坑區北深路三段 270 巷 18 號 1 樓

https://www.zhanlu.com.tw/

用極大的熱情面對極大的困難！
Work Hard！
Play Hard！
Enjoy Every Moment.

永遠要比昨天的自己更進步一點

　　「我家跟櫻桃小丸子有點像，姊姊永遠功課很好，常常在全校師生面前上臺領獎。相較之下，成天跟眷村小朋友們一起到處玩、喜歡打電動的我，比較叛逆、不愛念書。」從小喜歡畫畫，從國小一直到大學，始終都是班上的學藝股長、社團的美宣，只要是跟「畫畫」有關的，都少不了她。

　　大學時期擔任吉他社社長的她，不僅籌辦過吉他社成果展，更舉辦過全國性的民歌比賽。而在享受自由奔放的大學生活時，還藉著社團認識許多不同科系的同學，加上自己對電腦網路的喜愛，靠著自學以及理工系的同學指導，大學還沒畢業就已完成了四個網站。

　　「那時正流行 BBS，只要沒事，我可以整天都黏在電腦前面。」米蘭營銷共同創辦人，現任副董事長陳琦琦坐在一片美好山景前，笑說她從念書、創業到現在，始終 Work Hard！Play Hard！的心路歷程。

　　2000 年自輔仁大傳畢業後沒有選擇進入影視、新聞或廣告業，她的第一份工作是在虛擬實境電腦科技、一家做客製化網站的公司擔任企劃。陳副董說當

吉他社網站得獎。攝影・陳琦琦提供

時她想跟男朋友去紐約念 SVA（School of Visual Arts 視覺藝術學院），所以找工作時待遇是她的首要考量。「很好玩，我應徵的是網頁設計師，但當虛擬實境這家公司找我去面試時，他們告訴我，他們缺的不是設計而是企劃。」由於虛擬實境提供的薪水符合期望，因此雖然不是做設計，她仍毫不猶豫地就選擇了這家公司。

不料 2001 年網路泡沫，公司受此影響營運發生困難，後又碰到納莉颱風大淹水造成公司斷電，陷入停頓的公司在無預警停發薪水三個月後，宣布歇業。

計畫趕不上變化

原本打算白天上班、晚上在家接案，存了錢好去美國念書的陳副董，進入虛擬實境後，每天的工作就是進入標案系統找尋可做的案子，然後與同事們討論、寫提案。從寫企劃書到如何做出 Demo，做案子做了一年多後，公司開始出狀況。突然有一天，幾個陌生人進入公司、在電腦上貼上封條，老闆無奈地告訴大家，公司無法再繼續下去。她與同事無法理解，明明好幾個專案都還在進行、有錢可以收，為什麼老闆無法繼續營運？為什麼大家會領不到薪水？既然老闆丟下正在做的案子，她與四位同事討論後決定成立工作室，由他們

個性幽默風趣的陳副董。　攝影‧陳琦琦提供

自己繼續完成進行到一半的案子。幸而客戶在聽完原委後，也欣然同意由他們接手完成。

　　陳副董說他們那時很慘，領不到薪水、更沒有資金的五個人，在「以半年為限，半年後若是無法生存，就各自找出路」的共識下，在中和景平路上租了一個六坪大的小套房做為基地。平時只有兩個人固定在中和的工作室工作，其餘的人則在家作業，沒有固定的薪水，只以接案的收入來拆分。

　　工作室剛成立之初，承接前公司的客戶專案，像是北美館、臺博館、僑委會等單位的案子皆獲得官方好評。原本還不知道自己的明天在哪裡的五個人，開始有了信心，漸漸將觸角伸向民間企業。

　　大概做了五、六個北美館展覽的官網後，在一次的開幕酒會中，北美館的窗口將想要做官網的琉園介紹給陳副董。後來米蘭以這個案子參加廣告金像獎的金手指獎比賽，得到了佳作獎的肯定。那是 2002 年 12 月，她與夥伴得到了成立公司半年來的第一個成績。

2004 年創業初期與同事於新加坡合影。攝影・陳琦琦提供

「雖然只是一些網頁維護的小案子，但對於剛起步的我們來說，每一件交付給我們的專案，都是對我們的支持與鼓勵。直到現在，我都還是非常感謝這些客戶。」陳副董回憶公司草創時給予他們協助與支持的和泰汽車，當時的窗口並不太在意他們的規模，認為只要案子做得好就可以了。於是從一開始只是將會員電子賀卡的維護案交給他們；到後來對其成果感到滿意，又繼續將其它的專案交給他們，自此開始了米蘭與和泰的長期合作。

由於接案順利，之後便增加了一個新成員，幫忙分擔越來越多的行政及文書工作，小從跑郵局、快遞，大到跟著一起到客戶的公司做提案、提電腦、架投影機等，都交由助理協助。「一個年輕的小男生——小洪，他是我們公司第一個領固定薪水的人。」陳副董笑說後來小洪告訴她，當初來應徵時，還以為這裡是做盜版光碟的，因為公司在一個這麼小、這麼奇怪的地方，門口還有洗衣機，看起來實在很可疑。

公司擴展

公司成立八個月後，一直在家裡作業的陳副董開始受不了自己每天除了工作就是睡覺的生活，向夥伴提出要在公司一起上班的想法。「那時候只要有案子我就做，且常常一做就做到半夜，而客戶是有正常上、下班時間的，有時一早八點就會接到客戶的電話，告訴我哪裡要改、哪裡要怎麼修，以致於我每天不論是幾點，只要一睜開眼就是立刻工作。」

於是，他們從六坪大的小套房換到了可以容納四個人空間的公寓。由於經歷過前公司的無預警倒閉，大家的危機意識都很強，也因此來者不拒、只要有案子就接。漸漸地，案子越來越多，多到做不完，需要夥伴幫忙分擔。與此同時另外兩位在家工作的夥伴，也遇到與陳副董相同的問題、提出了想要在公司一起工作。為了因應所有夥伴需求，並考量到所有客戶的公司都在臺北，於是進行了第二次搬遷，遷至松江路行天宮附近。

永遠要比昨天的自己更進步一點
米蘭 Medialand

	1		
2	3	4	5

1. 米蘭人大會。

2. 夥伴 RAY。

3. 夥伴 ROY。

4. 米蘭實驗室成員。

5. 埃及員工旅遊。

　攝影・陳琦琦提供

雖然這個行天宮巷子裡的小店面，已是 4、50 年的老舊建築，但對於盡量將管銷降至最低的米蘭來說，這個可以容納十個人的空間已是很好的選擇了。直到成員的編制擴展到十六個人、再也塞不下時，才又再次遷移。後來又經過兩次的擴大與搬遷，直到 2014 年的第五次搬家，才搬到了現在的辦公地點——一棟位於信義區，樓高二十層、可以遠眺 101 及山景的商業大樓。

隨著客戶的增加以及行銷廣告創意獎的肯定，在行銷產業中打開了知名度後，海尼根、資生堂、華航等大型企業紛紛慕名而來，成為了米蘭的客戶。「並非所有的客戶都能接，必須要有所取捨。一方面是市場競爭的關係，客戶不希望我們服務其他競爭品牌。再來就是我的個性，只要交付給我事情，不分大小，就一定要盡全力做到最好，不會業績掛帥地拼命接新客戶。」陳副董指出她的經商之道，在公司營運穩健後，她和夥伴不會再像初期那樣來者不拒，會以現有客戶的服務為優先考量。

以合作至今已 16 年的和泰汽車為例。2005 年 Toyota 官網改版後，其旗下所代理的品牌 Lexus、Wish、和運租車等的網路與數位製作也多為米蘭的作品，由於市場反應良好，於是其他車商也開始與其洽談合作。但基於與和泰汽車長期以來的良好合作關係，便放棄了其他的汽車商提出的合作邀約。

2007 年，開始有大集團表示對米蘭有興趣、來談併購。陳副董謙虛地說，當年他們才 30 歲，沒有太多的社會、工作經驗，對於企業經營是邊做邊學、靠自己慢慢摸索出來的。所以當 WPP 集團來談企業經營、企業價值的時候有些措手不及，突然發現別人是用很大的經營角度來談他們當年無心插柳、起步艱難、好不容易堅持至今的事業。除了 WPP，自 2007 年開始，幾乎每一年都有不同的傳播集團前來談合作，其中也包括中國的廣告傳播媒體。

陳副董指出，2006、2007 年起有不少廣告人前往中國發展，而他們也曾是其中的一員。2010 年上海世博，一家地產公司找米蘭為萬科館做虛擬導覽網站

2010 年位於松江路的辦公室。 攝影・陳琦琦提供

現今位於信義路充滿工業風的辦公室。攝影・陳琦琦提供

建置工作，因此有一組人常要飛往上海洽談。當時上海的網路行銷正蓬勃發展，大家認為中國有發展機會，便決定由幾位資深的同事在上海開辦公司。然而時間一長，股東們漸漸地發現彼此之間的理念差異甚遠，便決定拆夥分道揚鑣。

　　不過考量到在中國市場仍有客戶需繼續服務，同時也持續有其他客戶找上門，因此決定在北京設立公司、重整上海辦公室，並於 2012 年將公司更名為米蘭營銷策劃。「公司規模最大的時候是在 2014 年，共有四個辦公室，分別位於臺北、北京、上海跟高雄，員工將近有一百六十名。」

　　後來由於中國市場成長趨緩，且因廣告是整個商業的最末端，若客戶要縮減行銷預算，廣告業將首先受到衝擊。再加上米蘭在北京、上海的規模小，在資源不足的情況下，股東們決定放棄中國市場。

求新求變，激盪出燦爛的花火

　　2007 年 iPhone 問世，上網不再需要守著電腦，智慧型手機就可以隨時查看所有資訊。而當整個數位平臺呈現不同樣貌時，米蘭也必須開始跟著改變。陳副董說，網路廣告行銷看似單純，其實很複雜。首先必須充分瞭解客戶需求、

找出問題，然後運用客戶資料、大數據等各種資訊來評估廣告方案是否符合客戶的要求。有些甚至在提案後，還要用 3D 做畫面、找導演外拍實景，最後再以電腦後製。

10 年前的廣告公司有傳播、策略、影片、平面的製作能力，但比較不熟悉體驗互動或是網路科技怎麼做，而米蘭則是較不瞭解商業的前端策略怎麼運作，大家各有所長。因此，米蘭自 2009 年開始「混血」，結合其它領域的夥伴一起工作，不分線上線下，做所謂的全傳播。

例如 2015 年為陳綺貞打造的「時間的歌」網站。米蘭使用最新 VR 虛擬實境科技的 360 度環景拍攝技術，重現陳綺貞 2013 年在臺灣各地的場景，將聲音數位化無限延伸。米蘭還運用手機 APP 與社群網路 Hashtag 串連技術，發起大家共創一首「時間不停、就沒有終點的歌」，帶給歌迷全新的互動體驗，獲得國內外粉絲一致好評。此案亦獲得《4A 創意獎》最佳互動創意獎銀獎、最佳網站創意獎銀獎、最佳數位創意獎銀獎等創意大獎、2016 One Show China 國際廣告創意跨平臺類體驗營銷之銅獎，同時「時間的歌」網站更獲選全球最佳網站 FWA 雙料大獎。

米蘭榮獲多項大獎的作品——時間的歌。 攝影・陳琦琦提供

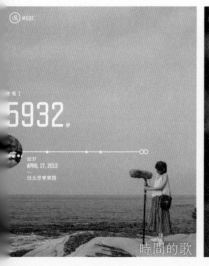

　　而在 Doritos（多力多滋）的案子中，米蘭邀請盧廣仲擔任代言人，顛覆他陽光大男孩的形象、以「夜店」風格製作了一系列的廣告行銷活動，成功地讓多力多滋新品在上市短短三天裡就衝到銷售第一名！而在「海尼根活在音樂 下班直播演唱會」系列活動中，盧廣仲透過 FB 現場直播，與網友即時互動、高達三千人同時在線，共吸引近十萬網友響應，成功提升海尼根品牌形象與資產。

　　從只能容納兩人的六坪小工作室，發展成為一百餘人規模的企業；從以網站建置為主的「網頁設計公司」，延展影片動畫製作能力升級為「多媒體數位科技公司」，再應客戶需求，升級成具備數位媒體企劃與購買能力的「整合型數位行銷與廣告公司」。陳副董認為創意公司賣的是腦力，不斷地求新求變是必要的，而一步步走到現今，靠的則是熱忱與堅持。

　　陳副董說她這一路走來總是有貴人相助。像是大學時教她傳播管理的老師——高泉旺，便是在她最不懂事時給予她人生方向的老師。而在創業的路上，每一位客戶都是她的貴人。從創業第一年開始就一直不斷給她機會的和泰汽車；教導從未做過飲料案子的她，飲料的通路有哪幾類、各個通路又有哪些不同的行銷活動，將米蘭帶入另一個層次、更上一層樓的海尼根。懷著感恩的心，全力以赴地將每一位客戶交付的任務圓滿完成，同時在每一個案子、每一個客戶身上學到新的東西，如此年復一年。

　　陳副董引用簡單生活節所說的「做喜歡的事，讓喜歡的事有價值」來形容自己。對她來說，一直以來最喜歡的事就是做自己喜歡、覺得好玩的事。不論是學生時期參加的吉他社，還是做和泰汽車的案子，她都覺得很好玩。然後就像辦活動一樣，把好玩的東西讓她所看不到的網友們也玩得到，這件事情也讓她覺得好玩。只是好玩之餘應該還有下一句——不是只做爽的！必須去思考如何讓這件好玩的事對另外一個人產生價值，然後再把這個價值變成可以讓自己謀生、持續活下去的價值。為此，我們要以另外一個人的角度去想、去看事情。這雖然很難，卻很重要，只要能做到換位思考，那麼這件好玩的事便可以一輩子玩下去了。

米蘭作品——Nu Skin 廣告。 攝影・陳琦琦提供

1.2013 年擔任 Spikes 國際創意獎評審。 攝影・陳琦琦提供

2.2014 年出訪法國坎城創意節。 攝影・陳琦琦提供

3.2015 年出訪新加坡 Spikes Asia。 攝影・陳琦琦提供

4.2016 年出訪韓國釜山廣告節。 攝影・陳琦琦提供

永遠都有成功、實現夢想的機會

「這個行業工作很辛苦，流動率大、也很缺人，想要進入並不一定要是本科系畢業，重點是要有基本專業，然後有興趣、有熱忱，又有團隊精神，才做得下去。」

米蘭從 2016 年開始在政大廣告系開設米蘭講堂，至今已邁入第三年了。陳副董說當時政大系主任來洽談時表示，希望她可以在政大開一個學期的課，讓學生早一點認識業界在做些什麼、屬於比較實務的課程，至於十八堂課的內容，皆尊重米蘭的安排。

除了政大的課，陳副董也接受其它學校的演講邀約，她幾乎跑遍了北中南的學校，為的就是先從認識老師開始。她說一方面是因為學校課程的內容比較偏重理論，透過演講可以讓學校老師產生興趣、開始引進新的課程，而學生也才能自這些課程中真正瞭解業界在做的事情。

另一方面則是因為這個行業新人不好找。她無奈地說，一個完全沒有經驗、剛從學校畢業的新鮮人是不懂他們在做什麼的，但公司不是學校，很難錄用一個什麼都不會的人進來從頭教起。有鑑於此，米蘭連續好幾年的暑假都開設實習生營隊，甚至從 2017 年開始，將原本只有暑假兩個月的實習期延長為一個

2016 年榮獲年度風雲數位代理商。攝影・陳琦琦提供

學期、從 1 月到 7 月。如此一來，學生便可以有足夠的時間跟著團隊一起工作、擁有比較完整的學習。

「一定要非常有熱情！」陳副董強調時代不停地快速轉變，消費者的喜好、習慣、胃口等也不停地在變化。數位行銷工作從創意發想、企劃、設計，中間經過數據分析、互動程式、建置資料庫到最後的執行，所包含的專業技術很多，作業複雜也容易失敗，有許多現在會的技術，到了明年就不一定適用、必須重學一次。如果沒有極大的熱情，持續學習吸收、擴展新的視野、讓自己維持在新的狀態，不要說被淘汰了，很快自己就會覺得疲憊而想退出。

陳副董認為 30 歲以前是累積經歷最好的時候，她建議年輕人要盡可能地多看、多歷練。在職場裡，不是等著別人給你東西，要自己主動去搞清楚別人在做什麼。在數位時代裡，年輕人從小就接觸網路、科技，因此技術並不是問題，只要願意學習、勇敢嘗試，不怕困難與失敗，對自己喜歡、有興趣的事物保持熱情，就一定可以朝自己的目標邁進。

最後，學會「合作」也是非常重要的。從小我們就被教育要跟別人競爭，然而世界早已改變，各行各業要成功，都需要不同領域、專業的人一起同心協力、完成目標。陳副董說她要求自己「每天都要比昨天的自己更進步一點」，也期望米蘭不僅持續與其他領域跨界合作，未來更能夠跨國合作，透過不斷地加入新血，永遠保持進步，交出一張張亮眼成績單。

今日的我要超越昨日的我，明日的我要勝過今日的我，
以創作出更好的音樂為目標，不斷地超越自己。
——音樂大師 久石讓

米蘭營銷策劃股份有限公司

成立：2002 年

共同創辦人／副董事長：陳琦琦

臺北市信義區信義路五段 150 巷 2 號 20 樓之 2

https://medialand.tw

山不向我走來，我便向山走去。
當困境來敲門時，
只有迎難而上，
改變自我、與時俱進。
熱情與堅持是持續前行的食糧，
時間，可以為我做見證。

耐德科技股份有限公司

NINEDER

Technology Co., Ltd.

攝影‧耐德科技提供

到其他的城市做英雄

「我不怕輸，即使失敗了，我也有重新來過的勇氣！」

——楊致遠

　　1995 年 4 月 Sequoia Capital 投資了楊致遠和 David Filo，幫助他們成立公司。1996 年 Yahoo 上市，楊致遠一夕之間成為億萬富翁，隨後在 4 年之內，Yahoo 股票上漲了將近一百倍。

　　那年考上交大資訊科學，現為耐德科技董事長的陳昶任開始接觸網際網路，自此與浩瀚無垠的網路世界結下不解之緣。楊致遠一夜致富的故事激勵著他，認為念交大資科的自己，應該也可以像楊致遠一樣運用網路開創事業、在這個舞臺實現自己的夢想。

　　董事長說創業對他而言是個傻子的旅程。當年除了從教授身上學習的理論知識、管理交大 BBS 站的經驗外，完全沒有工作經驗的他，大膽地向教授提出了要創業的想法。

　　他笑說當時念社工系的女友與他一樣傻、在碩二時放棄了學業，毫無畏懼地與他一起在網際網路已泡沫化的 2000 年 4 月 1 日，共同創辦了耐德科技。

旅程的開始

　　「我很感激袁賢銘教授。老師給了我很大的空間，讓我在碩二時休學創業，直到碩五才把碩士念完。當年若沒有老師的支持，我可能拿不到碩士就去當兵，現在也很可能不是 SHOPPING99.com 的董事長了。」開朗熱情的陳董事長大方分享著他的創業歷程。他與夫人彭思齊從大學時期開始交往，兩人經常會談論未來的夢想。由於他念的是資科，很自然地就會想運用網路去實踐想做的事情。因此在得到老師、家人的支持後便勇敢地創業了。

SHOPPING99 董事長陳昶任。 攝影・耐德科技提供

　　耐德科技創辦時，所有的資金皆由夫妻雙方的長輩們共同出資。1999 年陳董事長與家人討論想以網路創業後，大家一致認為很有成功的機會、家裡說不定會出個楊致遠，還有長輩甚至因此特地借了錢來投資。於是兩個完全沒有工作經驗的碩二生，就在一片看好中創業、開始朝創造新世代商業模式的理想邁進。

　　陳董事長在長輩的建議下，將資金從預設的 1000 萬元調增為 3000 萬元，在中華路租了辦公室、應徵了十名員工後便開始正式營運。「耐德從第一天就開始燒錢！」董事長說由於沒有經驗，一開始就大張旗鼓地租辦公室、請員工，因此公司自開張的第一天起就必須背負十個人的薪水，以及設備、房租等管銷費用，一個月大約就要 60 萬元，平均每天一開門就要付出 2 萬元的管銷費用。

　　由於在交大時有管理 BBS 的經驗，且又想效法 Yahoo 的經營思維──有流量就有廣告、有廣告就有收入，因此即使一開始就開銷龐大董事長也不曾擔心疑慮。他們將全國所有大專院校的網址做轉址、做聊天室，還設計丟炸彈將視窗震到爆等好多好玩的功能，接著又為學校架設 Web BBS，成功地創造許多流量。

　　然而雖然有了流量，卻沒有當初預計的廣告收益。為了讓公司生存下去，他們改變策略，舉凡網站規劃設計、政府標案、選舉案、各種社群服務……，只要公司可以賺錢，他們都努力去做。漸漸地，耐德科技成為網站製作公司，與最初的創業理想漸行漸遠了。

　　「那段時期為了讓公司活下去，我們嘗試了十餘種商業模式。雖然辛苦，但到處接案的經歷，其實是一個很棒的學習過程，正因四處摸索、嘗試，才會知道這個世界究竟是如何運轉的。」陳董事長回憶道。

無畏，正是當時支持夫妻倆繼續走下去的信念。攝影・耐德科技提供

　　對耐德科技來說，專業技術不是問題，問題是都賺不到錢，且曾經做過的案子其工作模式都無法複製。當初集資的 3000 萬元，從 2000 年一直燒到 2002 年。陳董事長說兩年的時間裡，他學到有關創業的第一課就是：所有的樂觀都需要透過證明、真正地做了之後才知道到底對不對。

　　由於耐德科技製作的網站始終維持相當穩定的流量，因此吸引了 PayEasy 前來談合作，只要將流量導向 PayEasy，耐德科技便可抽成分潤。在終於找到將流量轉變為現金的方式後，他在 2002 年 8 月正式成立了 SHOPPING99。

　　陳董事長回憶當時他們就像在黑暗中看到了曙光，開心地對所有投資的長輩說：「我們找到了賺錢方法！」但當時網路股就像過街老鼠，在許多網路公司如同泡沫般破滅消失時，長輩們認為公司也該收了，沒有人願意繼續投資。資金罄盡的他們，甚至經歷了用高達 20% 利息的信用卡去借錢來發薪水的窘境。

　　受到全球網路產業景氣低迷的影響，SHOPPING99 每況愈下，所幸有廠商看上了他們的流量及年輕客群，想在 SHOPPING99 販售左旋 C 精華液和玫瑰花水，提出實銷月結的合作方式。出乎意料的是，SHOPPING99 竟靠著這僅有的兩項 199 元平價商品、每天二十幾張的訂單，一個月下來達到了近 10 萬元的營業額。

一堂三千萬與一堂五千萬的課

　　「非常感謝我的父親！」陳董事長說，在當時無法增資的情況下，父親告訴他兩件事：第一，雖然自己投資了 800 萬元，但所有的股東當中他不是最虧的，因為所有股東花了 3000 萬元讓自己的兒子學了一課！第二，創業是一時的，但信用卻是一輩子的事。家裡的房子還能再貸款 300 萬元，可以讓他們拿去資遣員工。父親問他：你確定還要繼續拗下去嗎？

　　聽完父親的話後他很是掙扎，因為 2000 年時網路購物並不像現在那麼盛行。就連現今為人所熟知的 PChome 線上購物，也是 PChome Online 那年 6

月才剛成立、推出的電商部門。兩個家族的 3000 萬元已經被他燒掉了，還要堅持做下去嗎？會不會連可以用來處理善後的 300 萬元也燒掉了？

董事長說，若問創業除了需要很大的勇氣之外還要具備什麼，那麼應該就是傻勁和衝勁吧！他與彭思齊將想要繼續做下去的想法告訴父親。雖然有些出乎意料，但學財務的父親仍選擇支持，並在評估營運狀況後表示，他們至少需要 600 萬元以及半年的時間才能撐過損益平衡，也就是說他們必須再找到另一個 300 萬元。

當時彭思齊的小舅知道後，對兩人責備了一番。認為兩個碩士生去竹科上班，一個月應該也有 5、6 萬元的薪水，不會做生意出來創什麼業？但話鋒一轉，竟又說另一個 300 萬元由他出！不過這是有但書的，小舅要求兩人要在六個月內做到損益兩平，否則就要立刻將公司收掉、乖乖地還債！回首過去，董事長說小舅對他們的恩情，不僅是那幫助他們延續夢想的 300 萬元，更重要的是在當下逼著他們有策略地快速成長。

董事長回憶，雖然每個月都要帶著損益表去面對小舅嚴厲的審核與提問，但也因此扭轉了許多他原有的觀念，其中又以財務方面為首。董事長說自己以前總認為不缺錢就不需要找銀行，但小舅告訴他，即使不缺錢也要向銀行借錢——與銀行保持關係，讓銀行認識你、成為你的幫手，而不是等你需要時才去找銀行。

在小舅的指導下，董事長學到了許多與銀行溝通的技巧，也開始瞭解如何善用銀行資源。此外，從事貿易的小舅，常以供應商的角度來和他們溝通，一來一往間他就被訓練出了一套與供應商互動的技巧。終於，2003 年 2 月，單月營業額達到了 300 多萬元，業績開始快速地成長，2004 年營收直接一舉跨越億元大關。

2007 年阿里巴巴、淘寶網開始崛起，董事長認為中國這麼大，少說也是臺灣市場的十倍，他相信 SHOPPING99 一定也可以在中國佔有一席之地。因此，在上海設立四百多坪的倉庫、開始進軍淘寶網，拿到了淘寶的天貓店，申請當地執照依法經營。

由於 2007 年時就已經把之前虧損的 3000 萬元都賺回來了，因此股東們也都很有信心地認為進軍中國一定會有更好的表現，因此又再加碼投資了 2000 萬元。

沒想到不僅不如預期，進入中國一年多的時間裡，5000 萬元竟又全部燒完了。董事長說，繼第一堂 3000 萬元的課後，他從這堂 5000 萬元的課中學到「業務先行，維運後補」這句話。

他認為在中國，管理雖不可少，但資源、人脈卻相對更重要，決勝關鍵就是要跟對政策、有對的人脈或對的資源。不同於中國的網路是資源財、是被掌握住的，臺灣的網路是開放的，在開放的網路中我們可以透過科學、數學、管理去取得對的流量成本，但在中國卻無法如此。當時 SHOPPING99 試了近兩百種取得流量、銷售的方法，但所有的廣告數字都無法產生獲利，讓陳董事長看清了要在當地生存，最重要的事情是人脈與關係，而不是管理跟科學。

熱銷罄盡的商品，埔里酒廠所產的紹興酒。

再加上當時目標將品項數衝到兩萬個的決策，使得管理成本過高、資金卡在維運建置上。進軍中國失利，加上 2008 年金融海嘯的衝擊，跟了董事長8 年的團隊開始分崩離析，演變出當時面臨著前面（中國）在打仗，後面（臺灣）糧倉在燒的狀況。二度跌入低谷的他為了讓情況停止惡化，開始縮減品項、縮編人員，上海亦僅保留倉庫運作，直到 2011 年開始做醫學美容，營運才又恢復好轉。

危機也是轉機

2011 年 SHOPPING99 開始做專櫃保養後，發現醫學美容的市場，因此開始了 O2O（Online to Offline）。透過網路行銷，將消費者導向實體診所，醫美團購的操作打出了漂亮的一仗，成功讓公司重新獲利。且 SHOPPING99甚至有曾與全國近三百家醫美診所合作、一個月可導入兩萬個消費者的輝煌紀錄。但由於實在賣得太好了，政府開始祭出法規禁賣──臺灣醫療法規定非醫療機構不得為醫療廣告，而網路購物就等於廣告。當然，真正的原因是同業競爭，當實體發現所有東西被網路帶走，就用法條來限制你。

所幸，喜愛醫美的消費者，大多也對 SPA 美體服務有興趣，於是SHOPPING99 秉持著共贏原則、不打低價策略，開始和店家洽談合作。他們投入時間、人力、心力，提供行銷與流程規劃，甚至協助店家營造受消費者喜愛的空間設計。此舉不僅成功幫助 SPA 產業提升服務價值，也使得SHOPPING99 成為全臺 SPA 票券銷售量最大的購物網站。

事實上實體與電商的競爭抗衡情形，醫美並非首例。董事長表示 2003 年4 月和平醫院因 SARS 感染而封院，全國各地口罩缺貨，有些不肖商人竟還將口罩哄抬到一個幾百元。陳董事長想為社會做一點事，認為當時大家都不敢出門活動，而透過網路機制讓大家取得口罩便成為了最好的方式。

為此，他邀請當時最受歡迎的情歌王子張信哲協助宣傳活動，再透過全家將口罩贈送出去。這個舉動讓當時的親友都認為他瘋了，因為在那個好不

於 ECO 社團年度晚會留影。　攝影‧耐德科技提供

容易才剛增資 600 萬元、業績剛有起色的時候，贈送幾萬個口罩的成本無疑是公司的重擔。

但意外的是，捐完口罩後 SHOPPING99 紅了，流量開始爆增。當時耳溫槍、潔手凝膠等都是搶手商品，然而董事長不想發此國難財，因此當別人一條潔手凝膠賣 199 元時，SHOPPING99 是三條 199 元。一時間幾乎所有的消費者都湧向 SHOPPING99 購買，但這爆品又引來實體通路的抗議。在接到公文告知，因為沒有第二類醫療器材執照不得販售時，SHOPPING99 便立刻申請醫療器材執照，但有了執照後，卻又開始限定網路不得販售。

雖然有層層阻礙，但危機也是轉機，SHOPPING99 也因此開始研究、拓展更多的領域。將彩妝、衣服等分設不同的品牌，像是 Fashion99 是流行女裝，Pretty99 是美妝保養品、Life99 是創意生活……。

董事長說在那段時間裡，他學到了幾件事：第一，謙卑地賺每一塊錢，SHOPPING99 是從 199 元起家，單價金額雖然低，但六個月之後他們的營業額也做到了 300 萬元。

其次，要與別人共贏，而不是只想著自己要賺多少，要想自己與這個群體、跟這個社會有沒有更大的互助關係。例如 SARS 期間賣潔手凝膠的想法就是要將商品大量地灑出去，於是他詢問了所有賣家的意願，並提出「SHOPPING99 賺的利潤 6 成歸你、4 成歸我」的合作條件，SHOPPING99 就此得到了最大市場。

第三，企業經營一定要找到特殊的利基點，這樣才有機會勝出，否則會很辛苦。再來就是存貨周轉問題。許多電商前輩，如醫美人、愛美地球村、美麗俏佳人，最終無法繼續營運下去，主因都是因為進太多貨卻賣不掉、換不回現金。也因此 SHOPPING99 在這件事情的控管上非常嚴謹。

此外，民不與官鬥，賺錢不要太招搖，更不要硬碰硬，因為做生意一定會踩到某些人的權利或是地盤，就像 SHOPPING99 把醫美團購券賣得非常好，最後卻遭到禁賣。

在有所領悟之後，董事長開始做差異化集中，求質不求量，專注於將每一項商品都賣到極致。後又投入了非常多的教育訓練，讓所有員工可以不斷地學習，因為網路一直在變，如果員工不進步，公司就不能進步。

孫子兵法，運籌帷幄

商場如戰場，對於經營有獨到見解的陳董事長，在公司走入低潮時參加了一個管理課程，期間在與老師相互分享對於《孫子兵法》的心得中，他認為書中的戰略思維，可以被視為商場的 SWOT 分析，藉此思考進軍東協市場前的自我評估，且道、天、地、將、法這五事最重要的是順序，順序對了，就有勝出的機會。

以道而言，道就是方向，企業要先找到自己的市場定位，思考自己能帶給消費者的價值是什麼？帶給供應鏈的價值又是什麼？如果沒有「道」，群眾是不會跟隨的。例如，SHOPPING99 在網路上的形象定位是新奇、速效、

於 2016 年全球價值鏈創新座談會上分享經營之道。攝影・耐德科技提供

1　2
　3

1、2.為連結與消費者的互動體驗，耐德重金打
　　造攝影棚及直播間。

3.靈活多元的空間設計，可供會議、活動或直
　播拍攝使用。

攝影・耐德科技提供

安心，因此連海外所販售的商品都是 MIT。如果消費者認同、需要這些事，那麼 SHOPPING99 的供應商就可以成功攜手落地東協。

其次是天時與地利。也就是外部環境與當地優勢是否存在、時機對不對。以 2013 年 SHOPPING99 進軍馬來西亞初期經驗來說，當時野心太大想要同時兼顧馬來人、華人及印度這三大族群市場，以至於品牌失焦找不到發展特色，再加上當時馬來西亞網購市場並不蓬勃，SHOPPING99 只好暫時退場。

反觀進入菲律賓時則完全不同。SHOPPING99 在進入菲律賓前，事先建立了兩個 Facebook 帳號，各加五百位菲律賓朋友，研究他們的食衣住行、社群使用行為，再透過大數據瞭解他們關注些什麼。因此，在 2013 年 11 月 11 日、開站的第一天，就獲得了五十幾筆訂單，再運用當地不需付費的 Facebook 廣告積極宣傳，SHOPPING99 一進入市場就立即上軌道。這便是運用上了地利之便。

最後則是將和法。將是指企業的團隊，我們常常看到許多人在團隊還未準備好時，就急於建立法，也就是制度。然而董事長認為這順序並不正確，因為天下還沒有打下來，制度訂得再嚴謹、再好都是枉然。

繼馬來西亞、菲律賓之後，SHOPPING99 也將投入越南及印尼市場，且為了以多元優質的內容抓住國內外的消費者，今年更跨足媒體產業，併購潮流穿搭網站——搭配 Dappei，以期與新媒體攜手共創藍海。

放眼天下

東南亞是目前全球成長速度最快的網路市場，據 Frost & Sullivan 估計，2021 年東南亞電商市場的網站成交金額將突破 600 億美元。東南亞電商商機如此誘人，跨境電商唯有做出特色及產品差異化並融入當地市場、了解各地風土民情，才有可能在已有七千多家新創公司的東南亞市場佔有一席之地。

歷經幾次困境，都能勇敢堅持繼續向前走下去的陳董事長，如今不僅穩站臺灣電商市場，亦積極布局東南亞、放眼全球市場。他認為臺灣擁有非常棒的優勢，只要加以善用，是可以領先別人的。

　　他以自己為例，當年他到菲律賓時有一種感覺，就是克拉克肯特來到地球後成為了超人。如果我們去到一個城市、國家，想法比當地的人好上幾倍，那怎麼可能不贏他們呢？他期許自己在 2020 年能讓 SHOPPING99 成為亞洲最大女性購物網站，也鼓勵年輕人不要只在臺灣做困獸之鬥，可以想想如何去成為其他城市的超人。

　　重點在於嘗試，錯了也沒關係，錯九次，就有九次經驗。
　　UNIQLO 的經驗是一勝九敗！

—— UNIQLO 社長 柳井正

耐德科技股份有限公司
成立：2000 年
董事長：陳昶任
臺北市中正區博愛路 38 號
https:// tw.shopping99.com

參加 2018 年北區楷模聯誼會交接典禮。攝影·耐德科技提供

為了做出能讓家人安心使用的產品，
十四年來不懈地堅持著。
過程中難免風雨，
若問為的是什麼？
應該是一份始終如一、純真求好的心，
以及守護理念的毅力與勇氣！

實驗室裡的創業家

「德業駿發財源廣，鴻猷大展事業興」，處暑的最後幾天，來到德典生技，迎賓大門上貼著不同於坊間販售的對聯，筆走龍蛇。這裡與想像中的生技公司不同，雅致的氛圍讓人忘卻雨後的悶熱及潮溼。

在財務長的帶領下經過辦公區的展示櫃，隨即被設計典雅的商品所吸引。針對肌膚的需求分為保濕鎖水、減少油光、緊緻毛孔、敏弱防護等功能的乳液、精華液、化妝水、面膜等，商品琳瑯滿目，與一旁序列著的眾多獎座展示著德典生技 14 年來的傲人成績。

而公司的各個區域都貼有同一字跡的書法，呼應著公司大門。看來被媒體形容為宅男工程師的兩位創辦人，不只是專業、成功的理工男，更是藝文愛好者。進入創辦人的辦公室，兩位博士的辦公桌並排而放，可感受其為了效率、便於溝通的安排，樸實的辦公室有著年輕、務實的企業文化。

好奇地看著官網上介紹的熱銷冠軍，想瞭解這兩位每天在生醫化工博士班裡，與試管、精密儀器為伍，進行各種生化分析、詳看實驗數據的大男孩，是在什麼契機下，做出一瓶熱銷了 10 餘年的保濕產品；又是什麼樣的想法讓他們放棄尋求安穩的工作，冒險白手起家、創業至今。

謝博士說當年還在臺大念書時，牛爾掀起全臺 DIY 保養品的旋風，不僅一般的粉領推崇，連實驗室裡的學妹們也都爭相翻閱著牛爾的新書《牛爾的愛美書——天然面膜 DIY》。他不服氣地想：這是我們的專業啊，憑著所學的知識與技術，自己可以做得更好！於是約了好友蔡松霈，兩人跑到臺北後火車站的化工原料行買了原料、瓶器，回到實驗室反覆實驗。一瓶成效好、見效迅速的玻尿酸保濕原液就這樣於 2002 年誕生了。

從二千四百元開始

「那時候並沒有創業的想法，只是出於好玩、證明自己能做得更好，於是八個同學每人拿出 300 塊錢買材料，做出來後大家分一分各自拿回去用。」

為了證明憑著自己專業與技術所做出來的玻尿酸保濕原液好用，謝博士將自製的保養品帶回家請屬於敏感性肌膚的媽媽試用。效果出奇地好，媽媽在換季時乾癢、脫屑的困擾一掃而空，再也不需為選購保養品而戒慎恐懼了。除此之外，他們也將玻尿酸保濕原液分送給家教學生的媽媽及學妹們試用，都得到了正面的回應與及肯定。沒想到兩個禮拜後，開始有人打電話來詢問是否還有玻尿酸保濕原液？原本玩票性質，裝在沒有成分標示的玻璃瓶中、像是可疑化學藥品的實驗品，竟陸續有其他科系的學生、學弟妹們詢問。

製作高濃度玻尿酸原液並非想像中簡單，為了找出哪一種玻尿酸降解的速度最慢、最不需要添加其他原料就可以保持其穩定性，謝博士說他們做了不少的實驗。這瓶成分安全、效果迅速、不含刺激性成分的高濃度保濕原液，在口耳相傳之下，就這麼打開了知名度、在校園中引發熱潮。依現在的說法，就是有了高回購率吧。

有了不少愛用者後，臺大校園裡便經常可見騎著單車的謝博士或蔡博士，帶著剛做好的玻尿酸保濕原液穿梭其中。很快地，兩人在 3 年內就有了第一桶金。這瓶誕生於實驗室中的玻尿酸保濕原液，成為 2005 年兩位博士創業正式成立德典生技時的第一個商品，亦是霓淨思至今營收貢獻度在 15％以上的不敗經典商品。

偶然的挑戰、嚴謹認真的實驗、優異的成果，讓親友圈中的洪志淳醫師與張建屏藥師，也在對產品表示認同之餘開始參與討論並提出對產品的專業見解。在反覆地討論與檢視下，兩人在取得博士學位後，決定以賺到的 100 萬元為創業基金，實現自己的夢想。

不過親友們對於創業想法都持反對票。家人認為高學歷的兩人明明可以找到穩定工作，為什麼要冒險創業？另一方面，甫一畢業就要創業的兩位博士，完全沒有社會工作經驗，家人亦擔心他們做生意會吃虧、無法應付商場的爾虞我詐。難道像其他同學一樣去從事教職、科技電子業，不好嗎？

「王老師叮囑我，創業這個東西需要全心投入，不能只付出部分心力、用玩票心態去做，一定要讓它變成佔據你所有心思的東西，你才會成功！老師的一席話，立刻解除了我的三心二意，我與蔡松霈只能堅持下去往前衝。」

謝博士回想 2005 年要與蔡博士一起創業時，為顧及家人的擔憂，他想著也許在創業的同時兼做助教，雖然收入少，但至少可以維持基本的開銷、生活不至有問題也可以讓家人放心。他回學校將想法告訴老師，尋求老師的意見，王大銘教授簡潔扼要的分析如當頭棒喝，讓謝博士放棄了原本的打算。他說現在再回頭看當時的心態，了解老師所說必須全心投入的意義，非常感謝當年老師給予的寶貴建議！

謝玠揚（左）、蔡松霈兩位創辦人於博士班實驗室。攝影·德典生技提供

全力以赴

　　堅持創業的兩人，帶著實驗室裡的成功經驗，與皮膚科醫師、藥師組成
完美的研發團隊，正式創立醫學美容品牌 Neogence 霓淨思。然而學校裡的好
成績，是否就此延續至校園外的廣大市場？謝博士搖頭笑說：「並沒有！」

　　「開設公司之前，所賣出的東西都只是賣給認識的人，與我們有直接、
間接關係的人，而這些與我們有連結的人對我們有信任感，因此沒有問題。
但創辦公司之後，不可能永遠只在這個小圈圈裡面做生意，要開始挑戰將商
品賣給陌生人。」謝博士說一開始他們認為在校內都可以賣得這麼好了，校
外的市場這麼大，銷售應該會更好才是。兩位博士都表示自己太過天真，因
為要把東西賣給陌生人——很難。

　　創業初期，從自己架設網站宣傳到舉辦許多體驗式行銷活動，許多的努
力都無法獲得實際的效益。公司成立整整一年半的時間，嘗試接觸了當時所
有的實體通路與網路購物平臺，卻都石沉大海。不過他們並未因此氣餒，仍
積極尋求合作與曝光的機會。

　　打破當時困境，真正第一個較具決定性、做出成績的是在虛擬通路——
PayEasy。2006 年年底他們與 PayEasy 接觸、談合作，隨即在隔年的 1 月就
上線了。而 PayEasy 讓商品上架的合作條件是，在三個月的觀察期中單月的
營業額必須超過 50 萬元。這對剛成立不到 2 年、商品項目不多的霓淨思來說，
無疑是一大挑戰。

　　商品上架後第一個月的銷售量與業績目標明顯有著一大段距離。霓淨思
只好孤注一擲，在 2007 年 2 月初時推出「大包裝試用品」促銷方案，消費者
只要付 50 元郵資便可以得到十五天份量的免費試用品。而之所以會採用這樣
高成本的行銷方式是因為兩位博士對自己的產品有著絕對的信心，他們相信
消費者一旦試用後，便一定會回購。

　　索取試用品的名單如雪片般自全國各地湧入，但活動的熱烈迴響卻未反
映在銷售上，訂單量並不如預期。正當兩位博士打算放棄這個購物管道時，3
月的銷售量卻突然大增。兩位博士分析原因，原來是試用品份量太多，消費
者試用完後才開始陸續回購。放膽一試的成效一直到次月才顯現出來、讓業

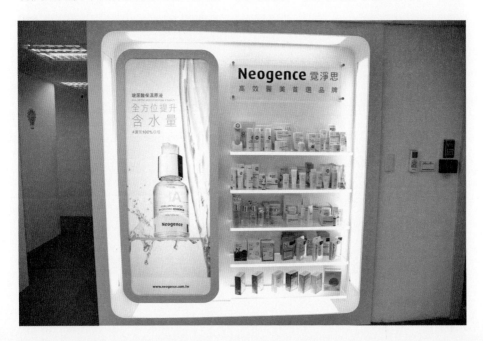

績翻了好幾倍。憑藉著良好的品質與精準的行銷方式,短短三個月營收就衝破百萬元的霓淨思,創下 PayEasy 新紀錄。

　　14 年前德典生技成立之初,公司成員只有兩位博士,他們笑說想起當年真可怕,日以繼夜地在辦公室裡將所有想做、要做、該做的事,從白天做到半夜。從修圖做 DM、撿貨、配送到燈泡要換、馬桶要修,全部都是兩位博士行事曆裡一筆筆要親自去做的待辦事項。

　　由於當時公司沒有自己的設計師,外包做好的稿子若要進行一些細微處的修改,因為礙於時間急迫便只能靠自己。兩位博士說他們就曾為了商品在網路購物平臺的露出,東修西改地弄到三更半夜,只為了上傳一張圖或一個 Banner。等一切都完成、沒有問題後才能回家睡覺,或是緊接著開車去安坑送貨。

　　謝博士說這麼一送就是兩年,當年蔡博士送貨送到閉著眼睛都可以開到客戶那兒,熟到可以教客戶倉庫的新進人員如何處理進貨事宜。而這都還算好的,因為網路購物平臺有總倉,無論訂單的量是多少,全部裝箱送去一個

2013 年辦公室擴展裝修。攝影・德典生技提供

2011 年 Neogence 尾牙。攝影·德典生技提供

地點即可。其餘的實體通路可是一個地點一批，光是撿貨就要花上好幾個小時，然後再分別送至客戶指定的地點。

　　即使產品在通路上的表現開始好轉，兩位博士仍是無法放鬆，因為通路訂的營業額不是固定的，每個月都會有新的目標。當銷售穩定、目標達成開始不是難事時，新的挑戰就接踵而來。

　　就在 4、5 月業績越來越好，逐步突破 80、90 萬元大關時，突然接到銀行來電，詢問是否與某某公司有往來？銀行提及的公司是德典生技的代工廠，由於積欠貸款，銀行是來做債權確認的。接獲這個消息後兩位博士開始擔心，因為代工廠若是出了問題，那麼業績越好問題就越大。兩人立刻驅車前往桃園八德區，沒想到代工廠早已人去樓空，整個工廠搬得一乾二淨了。

實驗室裡的創業家
德典生技 Neogence

專業認真的夥伴們。

攝影・德典生技提供

當時霓淨思雖然已開始嶄露頭角、銷售表現不俗，但仍屬小規模公司，短時間內要再找到另一家符合要求的代工廠，實屬難事。「那應該是我們意見分歧最大的一次！」謝博士回憶道。代工廠出問題後，謝博士認為乾脆一勞永逸、自己建廠製作產品以絕後患。但蔡博士認為立刻建廠太過冒險，至少應等業績突破百萬、更穩定後再行研議。

在經過幾次討論、評估建廠的費用後，發現沒有想像中的困難，於是這個被業界嘲諷「不知天高地厚」的建廠計畫開始了。年營收還不到 1000 萬元的新公司，卻大膽地投資千萬元在新店自建工廠，並先後取得 ISO 9001 和 ISO 22716 化妝品優良製造規範認證。謝博士說：「工廠雖然不大，但那是所有化工人的夢，而我和松需在 2008 年初，實現了這個夢想。」

為家人做的保養品

臺灣本土的保養品品牌，幾乎沒有人自建工廠生產，大部分是委由代工廠代工，甚至連研發都委託代工廠。而德典生技有自己的實驗室、自己的研發人員，從打配方、小量的測試開始，一直到正式生產，從頭至尾自己一手包辦。自建工廠，不僅讓德典生技擺脫了代工廠可能帶來的危機、得以從原料端控管品質，更可在開發產品速度上領先競爭對手。

像是當發覺市場出現新的趨勢或新的原料時，如何在最短的時間內將它做成一支可以商業販售的產品，在這件事情的速度上，德典生技可比同業快上很多。因為對德典生技來說，研發、製造、銷售、行銷一條龍的模式，各部分的作業均屬內部程序，省去了對外溝通、往返等待的時間。等產品做好後，業務團隊也已談妥通路鋪貨事宜，新產品便可立刻上架。相較於沒有自己工廠的品牌來說，德典生技平均可比同業節省將近半年至一年的時間。

1	
2	3

1. 於新店廠接受「臺灣亮起來」主持人陳雅玲專訪。

2. 於臺北商業大學演講。

3. Neogence 馬來西亞新品發表會。

攝影·德典生技提供

在 PayEasy 小有成績、打開知名度後，實體通路也開始有了進展。因為謝博士深知雖然網路銷售的毛利率高，但能讓消費者親身體驗的實體通路是線上通路無法取代的。因此，在新建工廠的同時，他們也積極地與亞洲規模最大的莎莎國際通路洽談、取得合作機會。

在當時仍是辛苦奮鬥階段的兩人公司，沒有專屬講師可為莎莎的員工做教育訓練。兩位博士仍努力爭取機會、跑遍莎莎在臺灣的所有據點，親自指導第一線銷售人員，讓他們瞭解、熟悉霓淨思產品，以便在與消費者接觸時可以清楚傳達霓淨思的訴求與理念。

2009 年 7 月，莎莎新加坡與馬來西亞的總經理來臺，臺灣的總經理將德典生技的品牌霓淨思介紹並全力推薦給兩位總經理，同年 9 月，霓淨思便在馬來西亞與新加坡登陸。成立僅 4 年的德典生技，此時便開始發展海外市場，這對當時臺灣本土的品牌而言是領先許多亦相當難得的。隨著臺灣、新加坡、馬來西亞三地銷售皆獲得好成績，莎莎總公司邀請德典生技在香港上架販售產品，使霓淨思成為莎莎在臺、港、星、馬一百多個據點中，銷售第一的臺灣醫美品牌。

比起其他品牌，霓淨思建廠後垂直整合的優勢盡展無遺。開發資源多、速度快，只要市場的需求出現，很快便能開發出新品，而推出新品是最能刺激買氣的方法之一。與莎莎合作的第一年，霓淨思便將品項增加至三十多種。由於看好德典生技未來發展，莎莎決定於 2010 年投資入股，德典生技成為唯一獲選入股的臺灣保養品牌。

2012 年，德典生技於上海成立子公司，正式進入中國市場，並以經銷方式布局全球，除了前述的星、馬、香港外，拓展的海外據點還包括英國、加拿大、匈牙利、美國、越南等國家。未來更將陸續進軍印尼、中東等地區，讓霓淨思能夠在全球插旗，處處都可買到霓淨思的產品。

　　當年兩位博士大膽建廠的決策，讓之後的發展如虎添翼。德典生技經營海外市場，除了維持一貫有效、安全的品質外，在挑選原料生產製造時，亦將各國的法規一併納入考量。謝博士說，先把各層面的因素、規則弄清楚，就可以省了後續的麻煩。

　　德典生技的企業文化除了在品牌理念的經營上呈現外，謝博士生活中對於真實的追求亦可見一斑。網路、坊間上常流傳一些和化工有關的錯誤觀念，讓謝博士無法視而不見。因此他在《良醫健康網》發表科普文章，推廣正確的知識，教育消費者不要被不實的廣告或謠言欺騙，必須瞭解事實再下定論；同時他也將正確的觀念集結成冊，出版《謝玠揚的長化短說》一書。

　　「霓淨思的每一個產品，都是做給家人用的，而不是做給客人用的。正因為是做給家人的，所以，不會隨隨便便、不會有所欺騙。我們會確保它有效、確保它安全。」無論是從實驗室 DIY 賺到第一桶金，或是現今末端銷售總額破 20 億元；無論是臺大的學弟妹，或是全球十一餘國的霓淨思愛用者，兩位博士一直以來與合作夥伴、與消費者溝通的，都是這始終如一的初衷。德典生技仍在求好、求新、求進步中成長，期待全球各城市飄揚著秉持真實、高品質的霓淨思旗幟。

一個人只要堅持不懈地追求，他就必能達到目標。

——法國作家 司湯達

德典生技股份有限公司

成立：2005 年

創辦人：謝玠揚、蔡松霈

臺北市大安區信義路四段 155 號 5 樓

https://www.neogence.com.tw

Chapter 3

創新，永不停息的開拓

創新是企業的靈魂，掙脫既有的框架，用不同的角度、
方法看待事情，為所有人帶來更美好的生活。

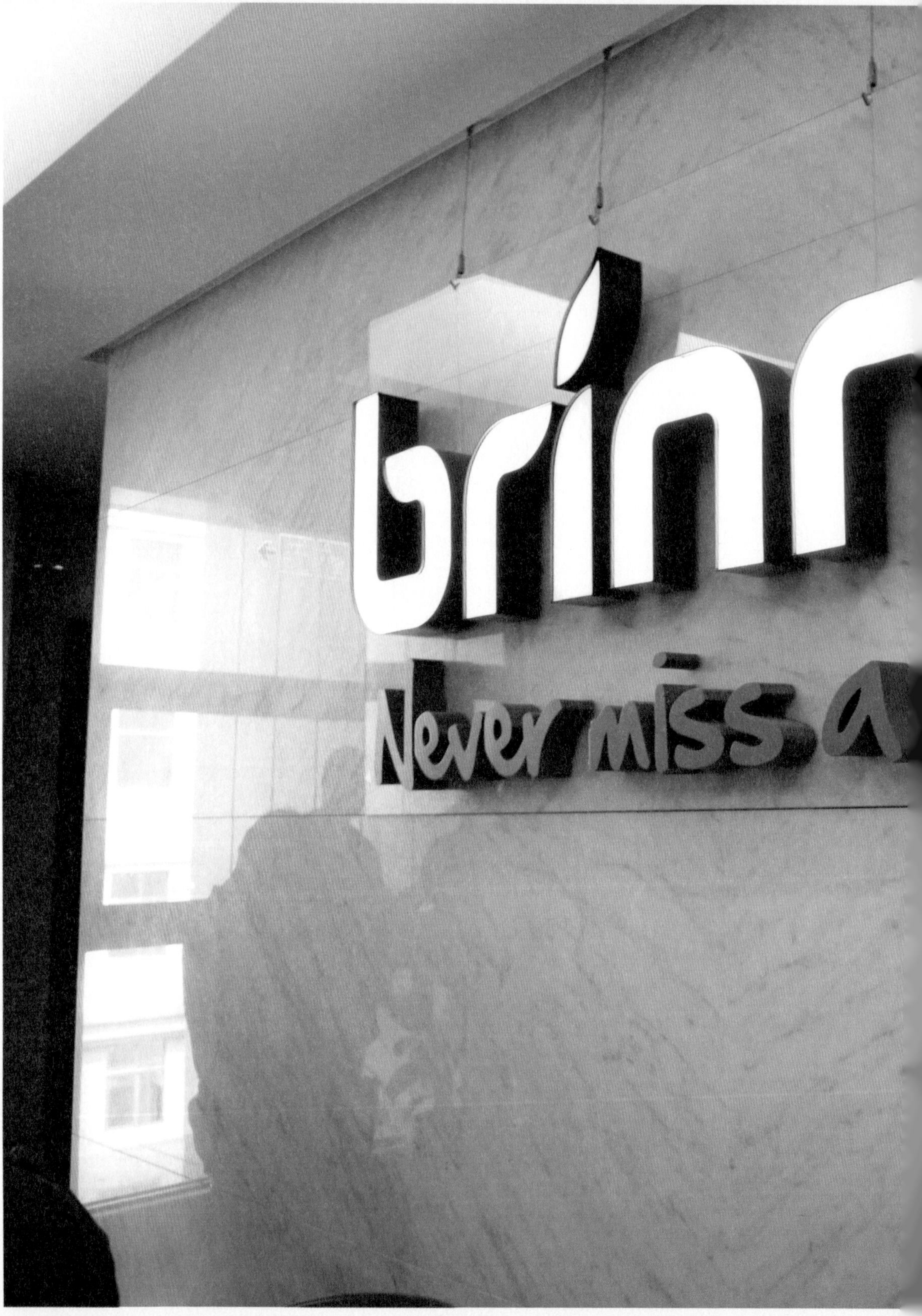
Never miss a

不願服輸，不為近利所誘。
務實的梅山孩子謹記著父親的教誨：
吃苦是為了訓練意志力，
哪怕身處再艱難困苦的環境，
也要盡全力把事情做好。

捕捉稍縱即逝的瞬間，盡展歲月精粹之風華

　　2016 年 2 月 7 日，臺北市政府花了 500 萬元和國家地理頻道合作，拍攝具有 34 年歷史的忠孝橋引道之拆除過程，以記錄臺北舊城區的變化。歷時六天的拆除作業，在僅六分鐘的短片中就能看到北市府團隊擘劃出的願景和艱鉅挑戰，以及引道從有到無的過程。而拍攝團隊使用的器材正是由邑錡研發上市的 Brinno BCC200 縮時攝影機。

　　無論是曠日費時的工程興建、雲海的自然幻化、藝術家的創作或是生態觀察的紀錄，常透過社群網站分享的縮時攝影短片大家一定不陌生，但在2009 年、還沒有 Brinno 系列產品之前，要拍幾分鐘的縮時短片很可能要耗時耗力地花上幾年時間。

　　「如果能做成像傻瓜相機一樣，容易拍、容易製作，人手一機、擴大縮時的應用，那市場一定很大！」有了這樣的想法，邑錡董事長陳世哲率領團隊投入縮時裝置的研發，希望扮演簡化縮時攝影技術的先行者，將相關的軟、硬體整合為攜帶式單體機，破除原本必須具備專業知識的門檻，讓不論是商業應用或是個人使用者，都能輕鬆享受即拍、即縮、即看的樂趣。

永遠的榜樣與正能量

畢業於臺北工專、工程師出身的陳董事長，曾是國內最大工業設計公司世訊科技的創辦人。童年在偏鄉梅山瑞里村長大的他，從小就與兄弟姊妹們幫忙農事。無論是透過身教還是言教，父親都經常告訴他們：吃苦是為了訓練意志力，哪怕身處再艱難困苦的環境，也要盡全力把事情做好。

13歲那年，罹患腎臟病併發尿毒症的母親需要靠打嗎啡止痛，一天的醫藥費就高達1萬多元。在賣了房子及土地籌錢之後，父親還必須時刻守在母親身旁照護，家裡的經濟頓時成了問題。當時還只是國中生的大哥便犧牲了自己的學業、休學工作，扛起了家裡的重擔。董事長憶起過往：「我國中時住校，假日回家時要搭上一小時的車、再走三小時的山路才到得了家。收假返校時，為了省幾塊錢的車資，便一大早七、八點就與鄰居一起走八小時的路回學校。」國一時母親病逝，輪流寄住親戚家的兄弟姊妹們飽嘗人情冷暖。但家人間自我犧牲、成全他人的親情，卻對於他日後創業時對待員工的態度有了極深的正面影響。

想要盡早就業、分擔家中經濟而選讀高職機械科的他，在聽到留美回國的叔叔說「讀機械出來只能做黑手」後，便在繼續升學時選擇改念電機。

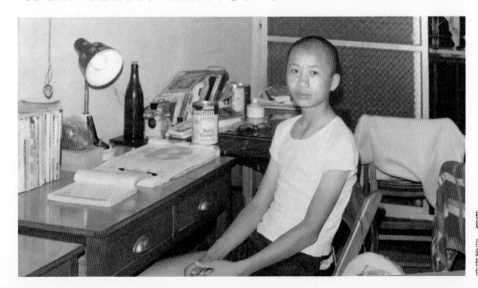

國中時期的陳董事長。
攝影‧邑錡提供。

由於服役期間在電機專業的表現優異，還未退役美商 McDonnell Douglas 便向他招手，希望他能進入 McDonnell Douglas 擔任工程師。任職 McDonnell Douglas 期間，他曾數次擊敗 IBM、達梭等大廠，為公司爭取到台翔航太、三陽工業等訂單。只要他出馬，沒有拿不下的案子。

由於表現傑出，當以電腦輔助設計軟體起家的 PTC Inc. 要來臺設立分公司時，便開出多一倍薪水、提撥在臺銷售營業額 1% 當獎金的優渥條件，重金禮聘他，讓他負責輔導臺灣電子業與製造業導入 CAD/CAM（電腦輔助設計、電腦輔助製造系統）。PTC 的主要核心技術是針對製造業產品在研發階段的需要，推出協同設計解決方案，陳董事長在此接觸到了前所未有的嶄新領域並擴展了視野。

由於當時的電子業蓬勃發展，在工作中嗅到商機的董事長，1994 年時毅然離開了每個月可領 16 萬元高薪的舒適圈，勇敢地創辦以提供工業設計、機構細部設計、模具設計等整合性服務的「世訊科技」。

豐碩成果拱手讓人

初創的世訊科技資金並不多，除了自己 120 萬元的存款之外，其餘的 180 萬元則來自青年創業貸款。雖然成立初期員工僅有三個人，客戶卻囊括了飛利浦、華碩、宏碁等科技大廠。當時無論是比稿、設計案執行，陳董事長都親自上陣，辛勤努力使得世訊科技在第一年就獲利、年營收一度衝上 4 億元大關。「我們那時就像拼命三郎，半夜工作是常有的事。」、「當時曾幫宏達電做多普達手機，那時的執行長還不是周永明，常常半夜了還跑去開會。我們也曾在半夜為 Aqcess Technologies 設計出了第一款平板電腦。」回憶起世訊時期的業務，董事長至今仍清楚記得 1999 年凌晨兩點的那一刻。

2003 年，世訊科技資本額已成長超過七十倍、營收亦屢創新高，風光登上興櫃，成為全球第一家以工業設計服務為主要業務、通過公開發行進入資本市場的公司。

　　廢寢忘食、醉心於工作的董事長，一忙起來可以好幾天不回家，然而正當公司業績蒸蒸日上、訂單多到接不完時，他卻做了一個讓他懊悔至今的錯誤決策：「當年面板供不應求，掀起搶貨熱潮。為了能順利結案請款，我決定幫客戶代購面板，當時囤貨的金額高達 1200 萬美元。」但沒過多久，面板產業泡沫化、客戶倒帳，資金不足使得周轉出了問題。再加上擔任世訊董事長一職的叔叔，同時也是另一家上市電子公司的董事長，為了不被牽連，叔叔堅持要他在一週內籌措 8000 萬元償還銀行欠款，在不得已的情況下只好引進外資。不料新股東竟想利用世訊借殼上市。在經營理念不同、大權又旁落他人的情況下，陳董事長最後只能黯然退出，拱手讓出一手創建的心血。

　　從雲端到谷底，陳董事長摔了好大一跤，但他並沒有因此一蹶不振，唯一讓他難過的是父親為此鬱鬱寡歡，不久便病逝了。「世訊順風順水時，親戚們搶著請我爸爸吃飯，出事後不僅沒人出手相援，大家還都躲得遠遠的。」雖遭受打擊，董事長卻不願認輸。2007 年他向銀行及股東借貸了 700 萬元，重整過去與友人合資、當時正面臨嚴重虧損的邑錡，計畫著重新出發。

1999 年陳董事長 (左三) 與團隊為 Aqcess Technologies 設計出第一款平板電腦。　攝影・邑錡提供

以誠相待，貴人相助

　　回憶當年籌款入主邑錡時，內湖 3000 多萬元的住房才剛買、才繳完第一期工程款，需款孔急，只有上海商銀願意助董事長度過難關。「當年上海商銀中和分行的經理是我的貴人，他勸我打消賣房的念頭，想方設法協助我增貸，除了幫我度過危機，更讓我有機會東山再起。」

　　在進入邑錡開始整頓改革的同時，他也向昔日客戶探詢再合作的意願，沒想到竟然隔天就接到客戶的回覆、表示願意把設計案給他。好奇能讓以往的老客戶如此力挺的訣竅是什麼？董事長謙虛地說他並沒有什麼秘訣，不過他總是將客戶視為朋友，誠心地對待每一位客戶。除了在工作上全力以赴，在互動時他也會盡量留意細節，讓客戶在信任他的同時更感受到他的用心。

　　客戶遍及全球的陳董事長，平均每兩、三個月就要去一趟歐洲或是美國。但只要他在臺灣，不論是凌晨或深夜，他都會親自開車到機場迎接客戶，並在正式談生意前，先陪客戶吃頓飯。「有時候客戶到臺灣的時間太早，飯店還不能入住，我不忍心讓人生地不熟的客戶一個人在外閒晃，也不想增添員工的麻煩，所以我自己去接機。接了客戶後先去喝咖啡或是到公司聊一聊、一起吃早餐，除了可以安頓客戶，也可以瞭解客戶工作以外的另一面。」

　　董事長認為，不要只將客戶當成做生意的對象，畢竟我們一生能交到幾個外國朋友呢？更何況這是最佳的練習外語機會，不管說得好不好，只要能溝通，多說、多聊總會有進步、有收穫的，實在是一舉多得。

　　而體貼周到的陳董事長對於請客戶吃飯也有與常人不同的見解。他認為許多人在接待外國客戶時，常常沒有考慮到對方的飲食習慣與喜好。不論對方喜歡與否，總自以為是地選擇自認為好的、或是常去的餐廳用餐，席間少了賓主盡歡，也失去了與對方關係更進一步的機會。「我的想法是客戶久久才來臺灣一次，主人配合遠道而來的客戶，讓對方覺得舒適、開心，才是真正地盡了地主之誼。」

1	2
3	4
5	6

1. 招待來臺參訪的客戶。

2. 於美國出差時接受客戶的招待。

3. 美國客戶來臺時至公司參訪。

4. 美國客戶造訪老家瑞里。

5. 與客戶同遊金門登太武山。

6. 法國客戶來臺參訪。

攝影‧邑錡提供

Brinno makes time lapse easy.

	4
1	5
2 3	6

1. 認真快樂的團隊。

2. 日本員工旅遊。

3. 新年放假前夕與員工同樂。

4. 喜愛戶外運動的陳董事長（玉山登頂）。

5. 與客戶一起在日本跑步。

6. 與日本客戶打球。

攝影・邑錡提供

2018 年安控展接受媒體採訪。　攝影・邑錡提供

　　陳董事長和不少客戶建立出長達 10 餘年的交情。像是 Vernier 執行長 John Wheeler，兩人曾一起造訪過金門、宜蘭等地，去年 Brinno 品牌創立 10 週年時，對方還主動提出想造訪董事長在嘉義的老家、看看他的成長環境，可見他們友誼之深厚。同樣的，當董事長到國外出差時，外國客戶也以相同的熱情接待他，甚至還會為他介紹新客戶。

　　除了客戶的支持，也有不少過去在世訊科技的老同事紛紛離職相挺，甚至自願降薪、就為了能一起再次打拼。董事長認真、努力、創新有遠見，將一起為公司付出的員工視為家人。在邑錡員工的眼中，他親切不擺架子，與員工之間沒有距離，總是帶頭與大家一起打拼，讓員工能看到公司的遠景。

堅持創新，不做「me too」

創業前在 McDonnell Douglas 與 PTC 的工作經驗，讓董事長瞭解自有品牌的重要性，但品牌經營非一蹴可幾，需要大量的時間與資金來醞釀。且臺灣市場小、設計只能收取一次費用，只做設計公司很難長久營運下去。因此他將邑錡的業務分為兩大主軸，以創新的 ODM[1] 養 OBM（自有品牌生產）。

陳董事長的 ODM 與眾不同、有著創新的思維。他瞭解國內根深蒂固的代工觀念與作法，以及對設計業的認同度不高，因此並不硬碰硬地開發國內市場，而是轉以歐洲、美國為主，讓客戶接受生產管理的設計服務。在美商工作多年的經驗，讓他深知「專業」與「誠信」是爭取外國客戶的最佳利器，而 20 多年的設計外包經驗，使得他對產業鏈瞭若指掌，因此不但能爭取到國外設計訂單，還能協助客戶發包模具、後端生產管理以及全球物流配送。

不同於一般 ODM 只有單次營收，邑錡從產品的開發、設計到製造，提供的是一條龍服務，這不僅有助長期合作，更可以讓人力發揮最大效益並延長設計的營收。

---

1. ODM 是指商品由代工廠商設計與代工，最後貼上銷售廠商的標誌，因此 ODM 也可以成為貼牌生產。

與美洲團隊於拉斯維加斯參加 CES 展。攝影・邑錡提供　　　與歐洲團隊於德國參加 IFA 展。攝影・邑錡提供

「我很了解客戶的技術，但絕對不仿冒，邑錡的產品也和客戶有明顯區隔。」董事長的誠信與工作方式，讓美國微軟、FLIR Systems、SONY、PENTAX 等國際品牌大廠對於與他合作都感到很放心，甚至還主動為他牽線、介紹新客戶。在此優勢下，重整後的邑錡很快便能接到 ODM 訂單、站穩腳步。

「做外國訂單不一定要養工廠，可以找代工。」陳董事長自認不是工廠出身，降低成本不是他的專長，因此堅持不建廠、不買生產設備，寧願把這部分分潤給代工廠。他以蘋果（Apple Inc.）為例，蘋果有的是創意而生產製造也都是委由他人代工；其它像是微軟，不僅委由他人代工甚至連部分的研發都委外。客戶明知道陳董事長會從中賺取費用卻仍選擇與他合作，可見邑錡的專業與服務是受到肯定、是有價值的。

Brinno 設計部。攝影・邑錡提供

　　不過合作的廠商一定要慎選。董事長表示曾遇過剽竊他創意的代工廠，也碰過因承接的設計案難度太高，而卻步不敢承做的代工廠。像是透過 FLIR Systems 引介的瑞典分公司熱影像相機設計案，就因良率太低，工廠希望邑錡簽訂保證函、承擔所有報銷費用。這個案子的承作總價不過 20 萬美元，但若處理不好可能會賠上好幾倍價錢及好不容易建立起的信譽。在此情況下，董事長派遣自家的工程師與品管人員「駐廠」解決問題，不僅成功地將危機化為轉機，更讓邑錡又多了一個新客戶。

放眼天下，堅持夢想

　　陳董事長以穩健創新的 ODM 收益支撐起 OBM 的夢想，始於旅美期間。2007 年董事長住在美國朋友家時，發現許多人會在自家後院用餵鳥器餵食野鳥，並且每天查看、補充食物，但鳥兒吃東西的過程卻沒有被記錄下來，這

陪同客戶前往中國參觀工廠。 攝影・邑錡提供

讓他產生了靈感。於是他請哈佛數學博士協助開發韌體，說服對方以分潤的方式支付高額設計費。2008 年，邑錡開發出第一代賞鳥用縮時相機。

　　縮時攝影的應用範疇非常廣泛，日常生活中無論是觀察大自然中的花鳥、日升月落、河川水位，或者是記錄工程建造、藝術創作……，都可以藉助縮時攝影相機以定點、長時間拍攝無數張照片的方式，將必須等待、歷時幾個月甚至幾年的難得場景完整記錄下來。為此，邑錡從最初的研發開始，就將方向設立為：打破只有少數特定專業人士才會使用的門檻，把縮時攝影相機變成傻瓜相機、讓人人都能上手的想法上去進行。

　　根據邑錡團隊的瞭解，目前縮時攝影相機最受營建業青睞。由於無論是工程進度、施工、材料等，工地主任都必須隨時進行監控，而縮時攝影相機不僅可以代替巡查、節省人力監督的成本，達到省時、省力的目的，亦可避免人為疏失，達到忠實記錄的功能。

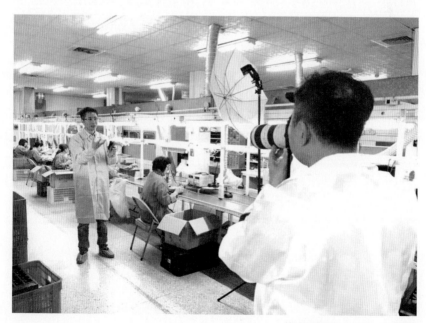

接受媒體採訪。 攝影‧邑錡提供

　　不過即使有了 ODM 收益的支持，堅持自有品牌夢想的代價仍是不低。董事長坦言，發展自有品牌，除了技術外建構通路也是一大挑戰。全球的電子產品中，少有臺灣品牌能佔有一席之地，2008 年邑錡推出第一款品牌產品後，美國知名 3C 通路 RadioShack 曾尋求合作，希望邑錡貼牌生產。雖然改貼大眾所熟知的「品牌」可以讓銷量在短期內翻到十倍以上，但董事長卻選擇捨棄可觀的營收、毫不考慮地予以回絕。因為他知道代工會讓他們被客戶牽制，同時自己的品牌也會因此永遠沒有出頭的一天。雖然當下放棄了龐大的利潤，但只要自有品牌的品質與服務良好、不斷推陳出新，以長遠來看，終會撥雲見日的。

　　堅持不自己設廠、採用輕資產模式的陳董事長，憑藉的是不怕被仿冒的自信與優勢。邑錡雖然已有多項商標權及技術專利，但董事長說註冊專利只是先卡位，技術才是競爭的關鍵。邑錡的縮時攝影相機與一般數位相機使用相同的 AA 電池，但同樣的四顆電池，一般數位相機只能拍兩千至三千張照片，邑錡的產品卻可拍攝三十萬張。創新的長效電池智慧裝置，便是邑錡從開發至今，同業仍未能超越的技術。

　　對於曾創辦國內最大工業設計公司世訊科技的陳董事長來說，建立技術門檻並不難，難的是找到理念相符的通路商。由於自有品牌沒有知名度，必須放低姿態尋求合作，邑錡更是在經營了 10 年後，才開始有較多的人認識「Brinno」這個品牌。而隨著產品逐漸受到消費者好評，也開始有通路商主動叩門來和邑錡談合作。現今 Brinno 產品已遍布六十餘國，除了透過經銷代理商在國內大力推廣「Brinno」產品之外，Brinno 也積極地在拓展國外市場。

永續經營與長遠價值

　　近年智慧型手機陸續內建縮時攝影功能，對於市場是否會被侵蝕，董事長持正面看法：「縮時攝影拍攝時，通常需要將攝影工具長時間固定在某一

定點上，手機最主要的是通訊、上網功能，消費者幾乎分秒不離身。因此，手機只會幫助我們教育、推廣市場，而不會取代縮時攝影相機。」隨著內建Wi-Fi、結合手機與平板、開發專屬 APP 等功能越來越齊全，董事長評估，邑錡研發的縮時攝影技術，在未來幾年內應該還找不到競爭對手。

　　Brinno 的產品，讓全球網購龍頭 Amazon（亞馬遜）採購找上門，更讓各地攝影愛好者拿來與紅翻歐美極限運動的攝影品牌 GoPro 相互比較，視為必備品。同時也讓權威國際媒體 Popular Science（科技新時代），將邑錡的縮時攝影機和谷歌眼鏡並列為 2014 年度最佳科技產品。

頒獎給日本經銷商。攝影‧邑錡提供

捕捉稍縱即逝的瞬間，盡展歲月精粹之風華
邑錡 Brinno

與資深員工合影。 攝影・邑錡提供

邑錡股份有限公司

成立：2003 年

董事長：陳世哲

地址：臺北市內湖區洲子街 107 號 4 樓

http://www.brinno.com/tw

　　2009 年邑錡研發出全世界第一部縮時攝影相機，以自有品牌 Brinno 將其推向市場，同年也陸續開發出數位電子貓眼 (PHV) 及動態感應相機 (MAC)，銷售通路更從早期的美國市場，拓展至歐、亞與北美其他國家等六十餘國，躍升成為全球縮時攝影第一品牌，成為國際縮時攝影的代名詞。

　　靠著代工和工業設計服務起家，陳董事長始終秉持個人成功是自身的成就，但團隊成功才是個人真正的價值。為了讓公司創造永續性的獲利及價值，選擇艱辛的自有品牌之路而行。陳董事長的創業歷程，一如動人的縮時影片，是濃縮了他逾 20 年的專業、歷練與堅持所得到的成果。

人們認為「堅持」就是把不得不做的事繼續做下去。
其實，「堅持」是堅定地向其他東西說「no」，
專注在自己的選擇裡。
所以，在堅持之前，一定要選擇「值得堅持的事」。

—— 蘋果創辦人 賈伯斯

十年磨一劍，
毫無懸念地堅持不懈。
創新之路艱辛漫漫，
只為前人種樹後人涼。
決心與勇氣、信心與耐心，
終得梅花香自苦寒來。

厚德載物，日新以致遠

「你猜猜看，全球每年有多少廢輪胎？」

秋高氣爽的 10 月，來到屏東枋寮的屏南工業區，車子駛入環拓科技廠區便可見碩大的廠房。本以為會有難聞的異味撲鼻而來，或是被震耳欲聾的機器運轉聲環繞，但下車後卻發現廠區的環境與想像中完全不同。

百忙中接受訪談的環拓科技董事長袁連惟先生，一見面就對初來乍到的我拋出了一個大考題。「全世界一年有超過 3000 萬噸因磨損而廢棄的輪胎，而光是我們臺灣一年就有 12 萬噸左右！你知道 12 萬噸的概念是什麼嗎？如果以臺北 101 大樓的高度來計算，就是大約三千座 101 大樓；一個個接連著排起來大概可以環繞臺灣四圈！」說話豪爽、中氣十足的袁董事長簡單扼要地說明著剛才的問題。聽到這些驚人的數字不免咋舌，對於廢輪胎造成的嚴重環境汙染，立刻有了具體的概念。

進入簡潔明朗的辦公區，入口處便有廢輪胎衍生出的高科技商品——裂解油、環保碳黑、色母粒的展示；再向裡走，有著大輪胎與潛水衣的樣品。潛水衣是由擁有 50 餘年潛水衣生產經驗的薛長興集團[1] 所製造，其原料即是採用環拓科技生產、通過歐盟無毒檢驗的高品質環保碳黑。

薛長興集團運用環拓生產的環保碳黑所製成的潛水衣。

　　10餘年前完全不被看好、甚至被認定無法商業化的廢棄輪胎處理業，如今竟搖身一變，成為環保金礦。這期間無論是在資金、研發技術上都需要有相當大的勇氣與信念支撐，令人不禁好奇袁董事長是如何走出這條艱困之路。

---

1. 薛長興集團為運動服飾的專業製造商，薛長興工業以創新技術自主研發防寒衣原料氯丁二烯橡膠發泡布片 (Neoprene Sheets)，成功開創原物料及下游產品製程的整合，而躍升為全球防寒衣市場最大供應商。薛長興亦跨足救生衣、浮力背心、彈性纖維與彈性布料的生產製造。

白手起家，走出不同的人生

在營建業成績斐然、於 14 年前跨足資源回收產業的袁董事長是軍人子弟，身為獨子的他沒有被寵溺得驕縱自我，活潑開朗的個性很容易與人打成一片。他說從小父母的教誨就是在家聽父母的話、在校聽老師的話、進入社會就要好好做人做事，為老闆效力、為社會服務。

身為海軍的父親，戎馬一生為國，常年駐守於金門、馬祖，一年只能回家兩趟。董事長說父親有著山東人耿直的個性，不會逢迎拍馬，更從不靠關係、不走後門，因此也要求孩子要自立自強，一切靠自己努力爭取。職業軍人的薪水不多，家中經濟靠母親幫忙做棉襖、繡學號補貼家用。令他印象深刻的是，小時候每到要繳學費時，父親就會騎著腳踏車到做生意的姨媽家裡。然而父親想借錢卻又不好意思開口，每次都坐在一旁等著，有時一坐就是好幾個小時，直到姨媽發現，驚覺快要開學了，便會主動借錢給父親。

七〇年代的臺灣不像現今的多元社會，當時的男孩子多半會走上與父親一樣的路。由於父親不在身邊，母親常年獨自一人帶著四個孩子，讓他覺得當軍人實在太苦了，也沒有前途。於是他在念初中時就暗自發誓，永遠不要當軍人及公務員，不要再讓家人如此辛苦，一定要出人頭地。

「人的一生中會有許多的貴人，我們做人做事一定要懂得感恩，並且在自己有能力的時候幫助其他人！」回想當初，董事長表示自己創業的第一桶金是

董事長 (後排左一) 與陳家合影。攝影・環拓提供

董事長 (右二) 創業後於高雄推出的建案。攝影・環拓提供

來自同窗好友的父親陳進文先生的支持。「除了我的家人外，陳老先生是我這一生最大的貴人。」

念土木工程的董事長畢業後在臺北的亞信工程上班，當時正參與環亞世界大樓（環亞百貨，現今微風南京前身）的建造，那時的他便已有想要創業、想要自己出來做房地產的想法。陳老先生知道後，無條件地拿出土地給董事長蓋房子，讓他圓夢。有了創業的第一桶金，自此董事長在營建業做得有聲有色，也一直與陳老先生保持友好的合作關係。

提起貴人相助，除了陳老先生外，董事長還說到 7 年前協助環拓科技與信保基金接洽的合作金庫高雄光華分行。7 年前環拓科技仍處虧損狀態，新興行業在沒有其他同業參考值的情況下，銀行融資不易，只有合庫銀行對環拓科技有信心，認同環保資源循環再生產業。這份支持與溫暖讓董事長銘記在心，也是促使他繼續向前的動力之一。

謹記父訓，回饋社會

1983 年，不到 30 歲、白手起家的董事長眼光獨到，30 餘年來在房地產業獲利不少，感念貴人相助的同時他也一直遵循著父母的教誨，在行有餘力時，便將獲利轉投於製造業以回饋社會。「生產工廠才是永久的事業，它就像果園一樣，你種出好的果樹就永遠可以收成。好企業才能造福人類！」

董事長說企業就像是永遠長不大的小孩，需要每天細心照顧，生產製造、品質控管、業務銷售、財務狀況這四項管理缺一不可，光是生產不會賣沒有用、會賣不會管理財務沒有用，而徒有技術不會管理企業也無法生存。他以自己 2003 年在大陸投資的電子業為例，當年與朋友合資買下的工廠，事前雖然有視察工廠，三十臺機器每天二十四小時生產，但接手管理後發現，業務用來交際應酬的開支與業績不成比例，上班時間也不正常，甚至在辦公大樓的一樓擺放麻將桌供其他前來的臺商打牌。後來負責管理財務的袁董事長在將內部管理及財務整頓好後，便於 2010 年轉手賣掉。

　　成立於 2005 年，主要以熱裂解技術為核心從事廢輪胎熱裂解處理、生質能源開發及土壤熱脫附處理的環拓科技，是專業環保的高科技公司。會選擇這項冷門的產業，主要是看準環保與再生能源會是未來的明星產業。董事長表示臺灣廢輪胎年產量雖僅約 12 萬噸，但卻是輪胎生產大國，理應負起道義責任，對廢輪胎進行回收、再利用。

　　目前臺灣廢輪胎回收仍有 6 成採用低階的破碎技術，然後送至汽電共生廠當輔助燃料，不僅浪費珍貴資源，更是造成空氣污染的一大主因。雖然先前曾有不少企業、研究機構致力研發再生碳黑商品化的技術，但全數以失敗告終，其中就包括了環拓科技的股東高興昌鋼鐵。「高興昌[2]的呂泰榮董事長跟我是很好的朋友，也是協助環拓的幕後功臣之一。當初他們用的是瑞士設備，因為研發失敗，虧了將近 10 數億元。我去找他投資環拓時，他問我，他已經在這個產業虧了那麼多了，還要再投資嗎？我告訴他：肖年耶，在哪裡跌倒就從哪裡爬起來啦！」

　　在環拓科技參與廢輪胎回收技術前，廢輪胎經過裂解技術可分解出三種原材料——裂解油、鋼絲、碳黑。其中，裂解油可製成燃料，鋼絲的回收與再利用也已經非常成熟，但體積最大的碳黑卻無法回收再利用，且庫存碳黑經常衍生二次污染，使得業者備受困擾，而創立初期的環拓科技亦為此遭遇重重難關。

　　在失敗經驗數不勝數、沒有成功案例可借鏡的情況下，環拓科技最終仍克服了設備製程、人才短缺等問題，成功研發新的熱裂解技術，讓廢輪胎所裂解出的碳黑，可被再次利用。不過歷經千辛萬苦才製成的可再利用環保碳黑，卻有 10 餘年的時間都銷售無門，直到這兩年才逐漸打開市場。董事長打趣地說：「之前一個月生產幾百噸，要賠錢賣才賣得出 30 至 50 噸。我們環保碳黑產量

---

2. 高興昌鋼鐵股份有限公司，1966 年成立，主要生產製造輸油用鋼管、配管用鋼管、構造用鋼管、冷軋鋼捲、冷軋鋼帶、打包鋼帶、熱軋鋼品等產品。

的庫存可以堆到七層樓這麼高，我若是從倉庫頂樓往這些庫存品跳下來都摔不死，這些賣不出去的存貨高達 2000 噸以上。」

　　為了持續精進熱裂解技術，董事長四處禮聘人才，環拓科技的技術副總謝副總即是碳黑界的佼佼者。當初為了邀請謝副總加入環拓科技，與他接觸了長達 2、3 年的時間，每次都帶著最新產品去拜訪，謝副總在看了之後總會提出需要再改進的建議。在最後一次要去時，董事長便感覺時機已經成熟、謝副總應該會答應他的邀請了。對於這最後一次拜訪，董事長記憶猶新。那是年前 2 月，遼寧鞍山下著大風雪，經過一番懇談，四個月後謝副總便回到臺灣、加入環拓科技的行列，並為環拓招募了一批優秀、資深的工程師。在這些生力軍加入後，環拓科技的碳黑技術更是因此突飛猛進。

廢輪胎經裂解後，其中的棉絮便清晰可見。

十年磨一劍，決心和勇氣不可少

自 1842 年橡膠輪胎被發明、應用在汽車以來，幾乎沒有人未曾享受過其帶來的便利，然而對於這些造成地球環保災難的萬年垃圾，後續的回收再利用大部分人卻很陌生。產品製造設計以原材料製成產品，產業舊思維為單向的 Cradle to Grave（從搖籃到墳墓），資源回收則是將廢棄的產品回復成原材料，產業新思維是不斷循環的 Cradle to Cradle（從搖籃到搖籃）。Cradle to Grave 資源的使用僅一次性，最終資源將走向消耗殆盡，而 Cradle to Cradle 則師法自然，運用「養分管理」觀念，讓物質得以不斷循環。Cradle to Cradle 可分成兩種循環系統：生物循環及工業循環。其中工業循環之產品材料則持續回到工業循環，將可再利用的材質以同等級或升級回收，然後再製成新的產品，使資源可以不斷回收、再利用。

而在從廢輪胎分解出的三種原材料中，碳黑是大家所陌生的。碳黑是指在缺氧條件下燃燒碳氫化合物所得的極細微碳黑粉，與廢氣分離後所得到的純黑粉末，可以增加橡膠製品的抗張強度、硬度、抗撕裂性、耐磨性等性質，所以常被作為橡膠補強劑，尤以輪胎為最。

根據美國市場研究機構所做的調查發現，全球碳黑產品有 67% 被用作製造輪胎，24% 用來製造橡膠管、工業輸送帶等橡膠製品，剩餘的 9% 則用於油墨、染料、油漆、鞋子發泡劑等產品。

如今，環拓科技已然成為全球廢輪胎熱裂解技術領導者。2018 臺灣國際循環經濟展會場上，環拓科技展示了結合環保碳黑的潛水衣、奈米環保輪胎等商品。其中環拓科技更與全球第一大潛水衣製造商薛長興工業結盟，將此技術推展至全國。

1 | 2　　1. 與創櫃板推薦單位第一科大校長合影。攝影‧環拓提供
　　　　　2. 經濟部節能減碳成果發表授證。攝影‧環拓提供

　　董事長表示，環拓科技在團隊努力下已於 2018 年轉虧為盈，至今從未對外公開募資，這都多虧了股東及員工們對他的信任與支持。董事長說：「企業要成功，一定要有獨特之處，願意嘗試創新且有理想的企業才有未來。而創新企業之路可能艱辛、寂寞，所以一定要有信心、耐心，否則是不可能成功的。」

　　環拓科技在好不容易突破瓶頸、生產出可再利用的環保碳黑後，並未就此一帆風順，反而屢屢碰壁。臺灣廠商與許多先進國家不同，歐美對於再生品的接受度高、甚至會優先選用標榜環保的公司；但臺灣廠商相較保守，即使再生品的品質已接近新品，只要聽說是廢輪胎處理所產出的再生品，便敬而遠之，普遍還是傾向使用新品。甚至在早期前往白俄羅斯國家科學研究院洽談技術移轉、要簽約時，董事長一行人想要宣揚臺灣、希望拿著國旗與對方合照，打電話給辦事處想借國旗一用時，辦事處人員竟難以置信，還以為是場惡作劇。

攝影・環拓提供

攝影・環拓提供

　　深耕廢輪胎回收再利用領域長達 14 年，多年來不斷創新研發專業技術，為的是解決全世界日趨嚴重的廢輪胎與有毒土壤問題。環拓科技成為全世界已成功商業化廢輪胎的裂解廠，董事長說雖然環拓目前的規模並不算大，但目前的五位廠長，每一位都是可管理 10 萬噸級工廠的人才，為日後拓廠、進軍國際市場奠定基礎。

　　環拓科技在 2017 年時廢輪胎處理量約 1.4 萬噸，而根據環保署資料，全世界每年廢輪胎量約 3000 萬噸，可見市場相當大，因此對環拓而言，未來最大的目標是致力將「整廠」輸出至有需求的國家。目前就有一套設備正在泰國安裝，預計 2019 年 7 月投產。董事長說只要泰國新廠順利移植臺灣的運營模式、從原料到產品銷售都成功，就可以成為整廠輸出的典範。

與萬事萬物共好

　　環拓科技的知名度遍及全球，所生產的環保碳黑已外銷越南、泰國、印度、韓國、中國等多國，且至今仍持續有國際企業代表造訪環拓科技，洽詢可能的合作方式。董事長說，近年雖已從黑暗中看見曙光，但若要飛上枝頭變鳳凰，

前加州環保局秘書長，現任李奧納多基金會
執行長訪廠。攝影·環拓提供

與法國 Alpha Recycle 技術交流。攝影·環拓提供

仍需大家的努力與支持。他說自己沒有退路，也沒有悲觀的權利，只能往前走，因為他背負著所有股東及員工的信任。他們將身家財產、時間、精力都投注在環拓科技上，他不能辜負大家。而這也正是董事長的父母從小就對他耳提面命的：責任！

董事長常對公司的管理階層說，環拓科技賺了錢後，第一個要分享利潤的是員工而不是股東，因為跟著公司一路辛苦走來的員工富裕了，環拓科技才會富裕，他們對於員工一定要心存感激。董事長也將環拓科技的股份開放給所有員工，甚至個人無息借錢讓員工投資公司。

成長於眷村的董事長，將他從小在鄰居間感受到的友好與相互送暖，運用在他的待人處事上：他認為人要同苦也要能同甘，而他的工作哲學很簡單，就是所有人團結一致、上下一心地將事情做好，就會有美好的未來。秉持著誠信、專業、創新，以高品質服務客戶，公司才能永續經營、造福社會。

訪談結束後，董事長親自帶領我們參觀廠區的設施，偌大的廠房看不到任何工程師或機器操作員。原以為剛好遇上休息時間，董事長解釋，因為他們採用低耗能的全自動連續式熱裂解製程系統，從胎片投料、裂解反應、油品生產

攝影・環拓提供

如果要成功，你應該朝新的道路前進，
不要跟隨被踩爛了的成功之路。

—— 美國實業家 約翰・D・洛克菲勒

純化及碳黑改質、研磨、造粒與乾燥等程序，皆採電腦自動監控，所以在工廠內幾乎看不到什麼人。此時正好遇到向我們走來的工程師們，董事長笑說環拓科技的工程師們個個都是在橡膠產業有數十年經驗的資深工作者，包括總經理在內。以前他們都不跟客人握手的，可不是因為瞧不起人，實在是每天接觸碳黑、手太髒了，不過採用電腦監控的現在已經不存在這個問題了！

我們常聽到有夢就去追、築夢踏實⋯⋯，但十年磨一劍，真正能夠撐上10年，堅持不放棄、不改變跑道的人有多少？創業圓夢的路可能很無趣、可能會有苦痛，從袁董事長身上我們了解到，有困難就努力解決、有理想就去實踐，只要堅持做對的事，即使緩慢、即使是一小步，困境終有突破的一天。

環拓科技股份有限公司

成立：2005 年

董事長：袁連惟

屏東市枋寮鄉永翔路 25 號

http://www.enrestec.com.tw

國境之南，
終年在土地上揮汗，
數十年來不分四季地耕耘。
從過去到現在，
曾經美麗、曾經哀愁，
唯一不變的是帶來幸福的心。

攝影・長龍農產提供

散播臺灣幸福好味道

　　韓國、臺灣、香港、新加坡，1960 至 1990 年代期間，因經濟迅速發展成為亞洲四小龍。而助使臺灣成為其中一員的背後功臣之一，便是一年四季皆可嘗到的各種可口臺灣水果。

　　香蕉王國、鳳梨王國、水果王國都曾是臺灣的美名，大量水果外銷帶來豐厚的外匯收入，除了要感謝辛勤的果農，還應該感謝的是默默在背後協助果農處理一切出口程序的貿易商。

　　1968 年，一個剛自海軍陸戰隊兩棲偵察大隊退伍的年輕小伙子，開始了水果農產的初體驗。數十年過去了，如今他是臺灣水果大王、水果專家，是穩居國內出口水果貿易量的龍頭。

萬丈高樓平地起

　　10 月，已進入寒露的南臺灣依舊溫暖，來到以生技、生產、生活、生態、生命五生一體的屏東農業生物科技園區[1]，滿眼盡是綠意。以進出口生鮮蔬果和水產品為主要業務、廠區規模逾一公頃的長龍農產，自高雄鳳山區遷廠至此已近 3 年。

　　成長於嘉義布袋鎮的蔡長龍董事長，服義務役時抽到了眾人眼中的籤王——海軍陸戰隊。還好，身為家中長子的他，從小幫忙父母曬鹽，有著在烈陽下鍛鍊出的強健體魄，部隊的操練難不倒他。

　　養生有道的董事長，身型高瘦，看不出當年海軍陸戰隊的影子。董事長笑說，辦公室玻璃櫃中的蛙人銅像，是他通過考驗的最佳證明。「我

---

1. 屏東農業生物科技園區，2006 年開園，為全球唯一農業專業科學園區，佔地達 233 公頃。園區規劃成為兼具研發、產銷、加工及運轉功能，以加速形成農業科技產業聚落，擴大高附加價值產品外銷。

　　們那個年代當兵真的是非常的苦，八個禮拜裡不停地訓練跑步、游泳、操舟，還要通過克難周的洗禮。尤其最後一關、大家所熟知的天堂路，雖然只有五十公尺的距離，卻像是無止盡般，每個爬完的人都是遍體鱗傷。」董事長回憶道。

　　也許是軍中的磨練，讓蔡董事長鍛鍊出過人體魄與堅強意志。談起進入農產業的機緣，蔡董事長表示當年他還未退伍，在屏東開水果行的親戚知道他體力好，便幾次到部隊以及嘉義老家找他，希望他兵役結束後能去幫忙。

　　退伍進入親戚的公司後，工作非常辛苦，面對來自各地的各種水果，簽收、查驗、運貨……，不分事情大小，董事長都要做。但也因此讓他很

攝影‧長龍農產提供

快地在 3 年內，學習到所有與水果相關的知識與專業。

1971 年，雖然資金不多，但董事長仍決定自行創業，從零售開始做起之後再慢慢地轉向批發，同時增加水產項目。由於沒有當老闆的經驗，經營初期虧損連連、負債不少，董事長說那時除了回家鄉向親戚朋友借錢外，連太太的一些嫁妝、金飾也都被他賣光了。

幾年後，董事長改以每 2、3 年向果農承租果園自行管理的方式經營，夫妻倆與工人一起，從除草、栽種、修剪、施肥、疏果……，一直到採收、販賣，全都親力親為。漸漸地公司開始有了獲利，於是，夫妻兩人便開始重新經營水果批發。

　　由於當時水果批發的規模不大，獲利並不多，董事長便未雨綢繆地到香港學習中醫，如此若日後生計上有問題，自己還有一技之長。所幸，水果批發在夫妻倆同心協力地辛勤經營下很是順利，那時取得的中醫執照至今未曾派上用場。

簡單的幸福

　　由於臺灣地處副熱帶及熱帶氣候，並位於環太平洋地震帶上，每年易遭受颱風、豪雨、乾旱、寒流及地震等天然災害侵襲，且境內山高水急，除了遇豪雨易釀成災害，同時也不易留住水資源。極端天氣影響收成，結果率大大降低，水果的產地價格就會升高，於是蔡董事長有了進口水果來平衡市價的想法。

　　在太太的鼓勵與支持下，1995 年 6 月董事長成立了長龍農產股份有限公司，開始引進美國、智利、紐西蘭、泰國、越南、南非等國家的水果。董事長回憶長龍農產成立初期，曾面臨許多挑戰，但他仍堅持一步一腳印，打造屬於自己的水果王國。

　　蔡董事長認為長龍農產的經營核心為「溫暖幸福企業」，時常親自前往契作農地視察，以掌握水果品質並規劃銷售，同時也協助果農拓展業務，讓果農能更專注於栽種工法。這樣的做法落實了田間管理、穩定了供應鏈，同時更能夠提供消費者健康、安心、安全的農產品。

　　2002 年臺灣加入 WTO（世界貿易組織）後，為配合政府政策拓展臺灣水果外銷，長龍農產於 2005 年成立長慶果菜運銷合作社，開始經營水果出口貿易。為了提高品質和降低採購成本，長龍農產除了在臺灣數個水

天然無添加鳳梨果乾。　攝影・長龍農產提供

果產區設有集貨包裝廠外，亦與日本、韓國當地包裝廠合作，並於泰國設置六地、越南設置二地的包裝廠，直接對產地採購分級包裝，以確保水果的新鮮及物流的順暢。

　　近年來進口水果越來越多，造成臺灣本土水果市場受到衝擊，再加上產量過剩時水果滯銷和賤賣的情況，使得果農生活更加陷入困境。董事長說沒有農民，就不會有長龍農產，基於感激、同時也想愛惜土地上一樹一果的心，決定擴大營業項目，研發、製作水果副產品——鮮果乾，以翻轉過剩水果的命運，為果農創造新的商機。蔡董事長秉持著想提供消費者健康、安心、安全的理念，以低溫乾燥的方式將營養封印在果乾中，不添加糖精、人工色素、香料、防腐劑等化學成分，做出天然無毒的食品。

長龍鮮果乾的製作，從一次清洗、二次清洗、18℃削果室切片、冷凍到低溫乾燥，除了要求全程符合食品衛生
規定外，亦有品管人員於實驗室做檢測。　　攝影‧長龍農產提供

從產地採摘、挑選、清洗、包裝到運送，長龍農產現代化一條龍的作業，讓臺灣美味、新鮮的蔬果遍及海內外市場。　攝影・長龍農產提供

珍稀的韓國黃金梨。攝影・長龍農產提供

美國蜜世界哈密瓜。攝影‧長龍農產提供

泰國香水椰子。攝影‧長龍農產提供

　　除了運用過剩或是次級無法銷售的水果製成鮮果乾，蔡董事長認為只要多做一點愛物善用的工作，我們的土地就會減少一些負擔。因此，除了鮮果乾外，長龍農產未來將繼續擴增營業範圍，結合政府與民間企業等資源，跨足環保生技領域，利用水果的果皮，進行保健食品、無毒清潔用品等研發，將水果的價值發揮到最大、效益提升到最高。

　　走過 23 年歷史的長龍農產，從產地採買驗收至通路販售，產銷一條龍的服務除了深植臺灣全省各地的果菜市場，外銷國家更遍及加拿大、俄羅斯、日本、韓國、中國、香港、新加坡及馬來西亞。

　　靠著自身學習、打拼，打造水果王國，長久以來根留臺灣，蔡董事長愛惜臺灣這塊土地，秉持著以誠信面對消費者的信念，不斷地拓展國內、外水果產業，深信藉由水果就能簡單傳達出令人幸福的感覺。董事長說：「在過去艱困的時代裡，咬下一口蘋果就能感到幸福，而人生，就是這種味道。」

長龍農產董事長蔡長龍。　攝影·長龍農產提供

　　長龍農產於 2017 年底正式登錄創櫃板，開啟了臺灣農產企業新一哩路，相信蔡董事長一直以來「種好因、得好果」的信念，將會帶領經營團隊邁向下一個農業新紀元。

成功的唯一秘訣，堅持最後一分鐘。

—— 古希臘哲學家 柏拉圖

長龍農產股份有限公司
成立：1995 年
董事長：蔡長龍
屏東縣長治鄉園南路 6 號
https://fruitseafood.com.tw

Chapter 4

蛻變，成為最美麗的蝴蝶

生命的歷程中，總有挫折或磨難，勇敢地挑戰自我，不斷地
脫胎換骨，終能飛越艱困的河流，抵達想望之地。

堅持做對的事情，
將每分每秒都用在對的事情上。
自接下經營重擔至今，
三十五年來崢嶸歲月的成功之道，
是你我皆知的：
己所不欲勿施於人。

做對的事情，比把事情做對更重要

「好吃，沒有過多裹粉！」、「頂呱呱是臺式炸雞，讚！」、「靠醃料不靠麵衣才是真功夫！」、「用地瓜做成的炸薯條好甜好酥脆，是我的最愛！」、「炸雞加特製的胡椒粉，完勝！」、「呱呱包＋紅茶雪泥，滿分！」……。網路上雖然有不少針對頂呱呱餐點價位的批評，但創立至今40多年、分店高達六十一家的頂呱呱仍有不少死忠的粉絲，紛紛在網路討論區提出其餐點的獨到之處。

「我父親堅持只裹薄粉，如此才不會掩蓋雞肉的彈性與甜度，雖然看起來比較沒有分量，卻是真材實料。我們的炸雞是越炸油鍋裡的油越多，別家的剛好相反，油都被吸進麵衣裡了。」頂呱呱總經理史洪法表示，頂呱呱的炸雞並沒有比其他品牌的炸雞小，且顏色較深是因為在油炸前先以獨家黑胡椒配方醃製過，絕非謠傳所說使用回鍋油或炸過頭，聰明的消費者在吃過後就會瞭解了。

其中，深受消費者喜愛的明星商品——「呱呱包」是由雞脖子延伸出的商品。頂呱呱在剛創立時除了炸雞塊之外還有賣炸雞脖子，不料消費者反應不佳，因此顧問建議嘗試將餡料塞入雞皮後酥炸，為此創辦人史桂丁先生特地向南部粽子名店學習後再經改良，研發出獨家餡料，推出後果然受到消費者的歡迎。

這間在四年級至七年級生的記憶中，有著美好回憶的老字號連鎖炸雞餐廳近年來積極轉型、引進新品牌，並一改低調不打廣告的作法，操作起社群媒體。嶄新的營運手法使得營收連年成長30%，2018年更創下10億元新高，總經理表示他要在2019年、頂呱呱邁入45週年時，讓品牌在全臺灣遍地開花、讓所有人都能嘗到臺式炸雞的美妙滋味。

經典熱賣商品：呱呱包。攝影・頂呱呱提供

從公務員到本土連鎖炸雞始祖

「頂呱呱是從養雞起家的。我父親當年對於養雞人有炸雞可吃感到很羨慕，因此決定辭掉公職與朋友合夥養雞。」談起頂呱呱的歷史，接掌經營已30餘年的史總經理臉上有著對父親的崇敬，他說父親是頂呱呱永遠的董事長，董事長的位置永遠保留給父親。

總經理的父、母親，史桂丁先生和史區雪吟女士原本都是公務人員，在一次前往朋友家做客時，朋友的母親請大家吃炸雞腿，總經理的父親很羨慕養雞人有炸雞可吃，便和朋友一起創業養雞。

創業初期頗為順利，但由於當時的雞種多來自日本，雞隻又多為民間後院飼養，未經基因改良生產加上近親配種衰退，導致雞隻雖然可以適應臺灣氣候環境，但生產效率不高且容易生病。眼看辛苦養的雞隻陸續生病，史桂丁先生秉持著「要做就要做到位，做對的事情比把事情做對更重要」的想法，毅然決然地放棄了公務員的工作，專心養雞。為此更特別與幾位友人一同前往法國尋種、帶回法國雞種「黑全」[1]配對，希望能改良臺灣雞隻的基因。

1961 年 9 月，強颱波密拉襲臺，臺北地區包括三重、蘆洲、新莊、士林、大直一帶大淹水，傷亡及損失慘重，辛苦培育的雞隻與養雞設備全都付諸東流。但這次損失並未擊退史桂丁先生，為了帶給雞隻更好的環境並擴大養雞場的規模，他決定將養雞場遷徙至雲林一帶。

但轉移陣地不久的幾年後，卻面臨了因飼養白肉雞利潤高、許多農家轉型改養雞，臺灣雞隻市場出現供過於求的壓力。為避免雞隻滯銷，史桂丁先

---

1. 以美食聞名的法國是生產和改良土雞品種歷史悠久的國家，法國種的 La.prenoire 全身黑色的羽毛帶有綠光澤，成長迅速、肉質細嫩鮮美，一般飼養九十日就能出售。於 1974 年左右引進臺灣，稱黑全或黑王。當時以黑全做母雞和土雞的公雞交配所生產的仿仔雞一般稱為黑仿雞，其飼養十二至十三週，體重可達三公斤。

生開始思考該如何更妥善地利用雞隻。恰好當時美國正流行炸雞，給了他一個方向，於是決定派人前往美國學習最新的炸雞技術：利用壓力鍋恆溫炸雞既可釋放出多餘油脂，又能鎖住雞肉原汁的鮮甜。同時他也在女兒的陪伴下，親赴芝加哥炸雞粉工廠調配專屬的炸雞粉，希望藉此開發出獨特的本土炸雞。

在 3 年的反覆試驗後，1974 年 7 月，頂呱呱以美式炸雞技術、獨家醃製雞肉搭配上特殊香料配方的炸雞粉，誕生成為臺灣第一家本土連鎖速食門市。不料雖然選在當時臺北最熱鬧的西門町開店，生意卻不如預期，總經理說：「40 幾年前民風保守，社會大眾的飲食、消費習慣與現在不同，再加上又遇到先總統蔣中正先生逝世，整個西門町全都大受影響、生意慘澹。」

雲林養雞場。攝影•頂呱呱提供

　　為了協助打理門市生意，母親史區雪吟女士也辭掉公務員的工作，親自訓練門市人員。不同於其他的業者，頂呱呱以秤重的方式販賣炸雞、以示價錢的公平，總經理說：「我父親當公務員時在國稅局服務，最重視公平。而炸雞有大有小，秤重計價最公平，可以避免客訴。」

放棄移民，回臺打天下

　　1979 年，剛退伍的總經理遵循父母的安排前往美國，卻在出發前無意間聽到父親說，即使自己做牛做馬也要讓孩子們在美國取得綠卡。不忍父母為了兒女犧牲自己、辛勞創業，總經理在美國不到一個月便選擇回臺灣了。

　　自願回家幫忙家業後，父親便讓他到雲林的養雞場做事。當年才 24 歲、剛退伍的他，從未接觸過雞隻，更別說有什麼養雞技術，他認為父親當時的安排是為了磨練他、培養他吃苦耐勞的精神。在 3 年後被父親調回臺北工作時，全臺只有西門和東門兩家頂呱呱分店，父親於是將展店的業務及營運交給他，30 歲不到的他自此開始擔負起總經理的職責。

　　1983 年接下父親所交付的重責大任後，他便開始委託仲介於商圈、公車站牌附近或是學生族群多的地方尋找合適店面，其中也不乏房東自己打電話來詢問的。總經理說：「我印象很深刻，公館店是房東主動打電話來問我們承租的意願。我們在那個點開了 30 年、賺了不少錢，和房東一直保持著很好的關係，每年我母親生日時，都會邀請他們一同相聚。」

　　而相較於坊間收取加盟金、大量展店的企業，現今擁有六十一間門市的頂呱呱只有三間加盟店。「我是看人決定的，人對了我就讓他加盟，人不對就不用談！」總經理總是親自面試每一位來談加盟的人，他認為有錢卻沒有心的加盟主是不可能會做好的，因此像是曾有人想要加盟的主因是為了要交給小孩去做的，就被他婉拒了。

　　反之，一旦同意加盟，日後若是加盟主無法繼續經營，那麼在扣除設備折舊費用後頂呱呱會以原價買回。看似強勢的總經理其實為人敦厚，一方面

他認為加盟主都是經過他審慎評估的，雙方以誠意、共同求好的經營理念合作。因此只要是在合作期間認真配合公司政策、沒有重大缺失者，無論是健康因素或是年紀大了無人繼承，頂呱呱都會將其買回。另一方面，將加盟店買回繼續經營，可以維護公司良好的形象，得以避免父子聯手鞏固的好名聲受到影響。

1974 年頂呱呱成立，比麥當勞、肯德基等外商速食業者早了 10 年，再加上早期的房租、人力便宜，因此獲利良好，在短短 6、7 年間迅速拓展後，頂呱呱便進入全盛時期。總經理說：「頂呱呱在 1990 年時，包括上海靜安區的門市、美國舊金山的四間門市，海內外共有八十間分店。上海開幕當天甚至湧入了大量的人潮，一度將玻璃門擠破而造成轟動。」

史桂丁先生始終秉持著「要做就要做到位，做對的事情比把事情做對更重要」的想法，因此在頂呱呱營運穩健後，便選擇結束養雞場、專心於連鎖炸雞事業。不料卻在不久後被診斷出罹癌，於 70 歲時病逝。父親走後，總經理獨撐大局，2003 年 4 月爆發 SARS 民眾不敢出門消費，全臺經濟大受影響。年底東南亞多國又爆發禽流感疫情，除了對養殖業造成嚴重影響外，餐飲業亦受打擊。總經理回憶道，為挽救生意，不吃肥肉的他親自研製配方，破例於門市增賣滷肉飯。「我純粹是做預防性措施，沒想到不少消費者都還記得這項過渡期的產品。」

外商速食陸續進駐後分食了市場，再加上 SARS、禽流感疫情影響的重挫，至 2013 年為止的 10 年間，頂呱呱縮減近二分之一的門市，年營收從 6 億元衰退至 3.5 億元。然而一波未平一波又起，上海的分店因未能跟上當地速食業轉型腳步，加上投資自助餐，龐大成本幾乎壓垮本業。總經理因此建議負責海外市場的哥哥史建法盡快結束上海分店及自助餐，以避免影響臺灣的財務與營運。2014 年，總經理壯士斷腕、認賠出場，上海虧損總金額高達上億元。

1	2
	3

1. 以獨家黑胡椒配方醃製、只裹薄粉的頂呱呱臺式炸雞。

2. 海外據點：紐約門市。

3. 海外據點：上海門市。

攝影·頂呱呱提供

走出新局面

結束上海分店後，總經理重新調整臺灣的組織與策略。他將設立於五股的廠房出租，將原本由中央廚房處理的雞肉、薯條委外代工；門市則以半年為期，半年內若無法獲利便結束營業以止血。對於內部則採利潤中心制，訂定業績獎金辦法，激勵員工提振士氣：只要達到業績目標，就將利潤的 3% 分給員工。在優渥獎金的獎勵下，頂呱呱不論在舊店或是新店都有了亮眼的表現，創造了現在的好成績。

與此同時，兒子史宗岳自美、日學成回國，父子倆一同為轉型努力。在藉由兩個策略展店的同時，也提升品牌形象及價值：第一、迎合年輕消費族群著手改裝店面，部分店面改走咖啡廳風或是酒吧風，一改傳統品牌的老舊形象。第二、與百貨業者合作。總經理表示獨立店面需要自行管理門市狀況，

頂呱呱總經理史洪法。

而與百貨業者合作則可由他們負責現場，開店成本可節省 4 成左右，且不會有房租不合理調漲的問題。

對於房租不合理調漲的擔心源於過去曾有過的慘痛經驗。「經營 30 餘年的忠孝店原是插旗臺北東區的指標店，若不是房東房租調漲的太離譜，我是絕對不會關店的。」總經理在分享經營獨立店面的甘苦時說道。2013 年臺北忠孝店因不堪房東漲租被迫結束，遷至後方的巷弄後生意一落千丈，營收下滑超過 7 成。前兩年聽到原舊址附近有店面釋出時，總經理說無論如何他都要搶下來！幸運的是，新店址的房東力挺臺灣企業，月租一口價 100 萬元，整整比鄰近店面的租金便宜了 4 成多，且店面格局更方正、距離捷運忠孝敦化站出口更近。

在拓展主業之餘，頂呱呱更引進國外新品牌來服務不同客群。根據總經理的觀察研究，這 30 年來各速食業品牌的熱賣或長壽商品都是自開業時就有

經營逾 30 年的臺北忠孝店舊址。攝影・頂呱呱提供

的，反而是後期推出的新產品很快就會被汰換掉。「研發新產品的成本太高，不如結合當前的趨勢潮流與本業的缺口來投資新品牌，以異業結合加強、加速獲利。」因此他鼓勵擔任副總的兒子史宗岳代理他國品牌、吸取他人強項，而史宗岳也不負父望，積極地參加各國連鎖加盟展，帶回許多極具潛力的品牌資料。

　　雖然積極地拓展新店、代理其他品牌，總經理仍牢記維持核心產品品質的重要性：唯有將品質做到最好，才會有長壽商品及永續競爭力。因此，他將以往雞肉控管上要求的 D+4（即屠宰後五日內賣完），進一步要求縮短到 D+2，以提升雞肉的鮮美與風味。為貫徹政策，他甚至不惜開除不能配合的員工。

　　在競爭激烈的速食紅海中，幾次面臨市場嚴峻考驗，頂呱呱都能克服困境、甚至在近幾年營收連年成長達 30%，去年更創 10 億元新高。我們求教總經理經營的成功之道為何？他毫不遲疑地說：「很簡單，自己不喜歡的東西不要賣、自己不喜歡的環境就避免、自己不喜歡的態度不要表現出來。做生意與做人道理相同，就是『己所不欲勿施於人』。」

代理品牌 BOBBYBOX 韓式烤肉拌飯。　　攝影・頂呱呱提供

代理品牌魷魚大叔火焰炒年糕專賣店。　攝影・頂呱呱提供

代理品牌油そば東京油組総本店。　攝影・頂呱呱提供

代理品牌SHELL OUT手抓海鮮。　攝影・頂呱呱提供

取之於社會，用之於社會

　　總經理表示，今年開店重點將放在宜蘭、花蓮、苗栗、嘉義，同時繼臺北南昌店、臺東新生店之後，目前正規劃於花蓮開設第三間公益門市。

　　「是臺灣這塊土地孕育了頂呱呱，現在是我們飲水思源、回饋社會的時候了。」總經理說，20 多年前頂呱呱曾在臺東設店，距離現在的門市僅相隔幾條街。重返臺東主要是為了回饋社會，而這一切的因緣起於與「孩子的書屋」負責人陳爸（陳俊朗）在 2017 年 5 月的一場演講上的相識。陳爸的理念感動了他，於是他主動與陳爸聯繫，表示想為孩子們及「孩子的書屋」盡一份心力。

　　聯名公益門市除了在員工聘用方面全數聘請書屋的孩子之外，門市收入在扣除成本後亦全數捐贈予書屋，讓書屋可以永續經營下去、陪伴更多需要協助的孩子。合作的第一波，由書屋徵詢孩子們北上頂呱呱五股總部接受職前訓練的意願，並在頂呱呱培訓四個月後即返鄉就職；第二波，發行兩千張

左、右圖：臺東門市。攝影・頂呱呱提供

頂呱呱 X 孩子的書屋公益聯名卡，民眾在頂呱呱門市捐助 100 元，即可獲得一張聯名卡、享有消費折扣，所得則全數捐給書屋（20 萬元募款款項已於去年 8 月捐出）。

　　目前第一、二批孩子已進入職場，聯名公益門市提供了八個就業機會，未來更希望店內所需的雞肉、蔬菜、地瓜等食材也能由孩子的書屋種植、供應。總經理說：「我的最終理想是希望臺東店能成為獨立個體，如果書屋孩子的家長可以養雞、種地瓜，再將這些原物料賣給門市，這樣就能創造更多就業機會、幫助更多的人。」

舒適、新穎，充滿工業風設計的五股總部大樓。

而在頂呱呱接受嚴格訓練的書屋孩子，未來就業並不僅限於臺東，也可到頂呱呱全省門市服務，就業之路更加寬廣。去年接受書屋老師推薦、前往頂呱呱五股總部受訓的田佳艷，目前正在頂呱呱臺東門市服務。她開心地表示以前在飲料店上班，月薪只有 2.5 萬元，現在每個月薪水超過 3 萬元、加班時還另有加班費，收入多了很多，終於可以幫忙改善家裡經濟。

創立 45 年的頂呱呱，不僅在本業上有著亮麗的成績單，自 2015 年開始代理的他國品牌業績亦年年創新高，而今年 60 歲的總經理對於頂呱呱的版圖規劃仍野心勃勃。他笑說再拼 7 年自己就要退休，退休後他要辦食物銀行、做更多的公益活動，但在此之前他要將頂呱呱的地基打得更深、更穩，一方面讓兒子未來接手時能更順暢地經營，另一方面則是為了兌現當年在父親病榻前的承諾——讓頂呱呱這個本土速食品牌屹立半世紀。

採訪結束之際副總史宗岳走來向我們致意，年少有為的他非常謙遜有禮，頗有總經理行事明快之風。站在充滿工業風的辦公區，總經理為我們介紹這棟位於新北產業園區、去年才新啟用的一千六百坪的四層樓總部。一樓規劃做為頂呱呱、輕食、代理品牌魷魚大叔示範店兼公益活動場地，二、三樓是辦公區及員工休憩區，四樓則設為員工宿舍。而其中所有的設計、規劃皆出自副總之手。

總經理笑談著總部的改建交由兒子全權負責、自己則在改建期間硬是忍住不來視察。「年輕人的想法與我們很不一樣，不看就不會干涉！像門禁系統、運用科技產品展示頂呱呱本業及代理的商品等，這些要是換我來做，我不一定會採用、也未必能妥善運用地那麼好。」從功能齊全、舒適貼近人心的設計可以看出，副總與父親一樣，傳承著一代創始人史桂丁先生的理念——做對的事情，比把事情做對更重要。相信在總經理的帶領下，這間本土的連鎖速食企業始祖將不僅只走過半世紀，而是永續、穩健地屹立於海內外。

企業要好及成功，須同時具備四大核心價值，即是「誠信正直 (Integrity)、承諾 (Commitment)、創新 (Innovation) 及客戶信任關係 (Customer trust)，簡稱「ICIC」。

—— 台積電創辦人 張忠謀

頂呱呱國際股份有限公司

成立：1974 年

總經理：史洪法

新北市五股區五工路 115 號

http://www.tkkinc.com.tw

"We won't have a society if w

如果破壞環境，我們將不會擁有

destroy the environment."

好家園。

相思，
禁得起強風、耐得住乾旱，
遍及山野，亦可立於貧瘠之地；
清新雅致的綠色花萼，
靜靜守護著花瓣，
使它盡展耀眼金黃。

生活在光影風動中的綠色傳道者

　　站在清風徐徐的天井中，仰看灑落下的陽光，介紹著樓梯間設計巧思的歐萊德董事長葛望平說：「往上走，你會看到 Jerry 之窗！」走過通往歐萊德總部──天空農場的樓梯，頂樓牆面上有一幅王文璨先生的畫像，上面寫著「這扇以他為名的 Jerry 之窗，是為紀念其對歐萊德品牌之路的導引；他為歐萊德開啟一扇品牌之窗，讓我們迎向更寬廣的藍天」。

　　董事長告訴我們，他在 2007 年參加臺灣精品品牌協會舉辦的「品牌明日之星」競賽時，結識了當時擔任精品品牌協會理事長的王文璨先生。一直不遺餘力扶植著臺灣本土品牌的王文璨先生曾問他：「你的品牌信仰是什麼？」董事長說：「自然與純淨！」

學習與大自然相處

　　有著素顏美人之稱的清水模建築，自然、質樸，沉靜的灰色中點綴著青綠，這座占地一千五百坪的綠色建築是亞洲第一座黃金級綠建築化妝品廠。往下看，低於路面的位置有著生態池，約一層樓高的階梯可讓雨水順著臺階流至水池；往上走，二樓迎面而來的瀑布牆，主要作用是增加此區域的對流，使得熱氣往上升、讓隔壁的辦公空間達到溫度下降的功能。

　　坐北朝南的辦公室，順應風向的深窗設計，既引進了溫柔的自然光，也隔絕了長時間開窗會遇到的陽光直射，而伸出簷更是延後了窗面被曝曬的時間，避免氣溫快速上升。天花板內則設有全熱交換系統及二氧化碳偵測系統，當室內空氣中的二氧化碳濃度到達設計數值時，全熱交換機便會啟動、調節室內空氣。這樣的作法可減少冷氣使用量，一年中，歐萊德至少有三百天不需要開冷氣。

歐萊德總部，亞洲第一座黃金級綠建築化妝品廠。攝影・歐萊德提供

　　此外，歐萊德總部全區皆採用 LED 燈具，看似光線幽微的樓梯間，其實有著別緻的巧思：所有的燈都在扶手下方。「爬樓梯時腳下的路看得清楚就好了，牆面上再掛上燈，都是多餘的不是嗎？」董事長笑著說道。

　　穿梭於辦公間，除了處處可見的綠色植栽外，上方的管線還有著中、外名人的精選佳句，時時提醒大家與大自然和平共處的重要。同時，辦公室還有分區節電系統，每張用相思木製成的辦公桌皆有配置，以配合同仁們不同的下班時間，節省不必要的待機耗電浪費。

　　另一個讓歐萊德自豪的設計，便是無論在化妝室、餐廳水槽，都可以看到的機械式腳踏省水裝置。腳踏設計不僅可以省水，還可避免直接接觸可能造成的感染。好奇為什麼不選用具有同樣效果的感應式裝置，董事長說：「感應式也可以省水、避免接觸，但，要耗電啊！」

自外而內、從大到小，歐萊德總部所有的設施只要能夠符合環保、節能，
都要徹底地執行。此外，總部頂樓還設有風力與太陽能發電系統，並使用台
電的公用電網，需要用電時才下載電力，下班時間及假日就將電力回饋到使
用公用電網的社區網路。如此一來，歐萊德便不需要使用電池，免除了因發
電量不穩而耗損電池壽命的困擾，同時還能將多餘的電力賣給台電。

當初興建歐萊德總部時，從選地、觀察日照與風向、請教當地人這裡的
氣候狀況一直到建築的設計、工法，董事長與團隊花了 2 年多的時間，為的
就是與大自然和平相處。因為他認為歐萊德所訴求的綠色、永續與創新，應
該要從工廠的製程、產品、供應鏈、服務……，每一個環節都符合環保理念
才是。

葛董事長高中求學時期。攝影．歐萊德提供

　　而如此耗神費心在每一個細節上、徹底執行綠色環保的意念，是源自對健康、對地球深受環境汙染的覺醒。

孝心下的綠色革命

　　坐在一片黃金葛及波斯頓蕨前的葛董事長，留著一頭微捲略長的黑髮，說起話來速度飛快，很能將他的熱情感染給四周的人。他說：「2006年決定要轉型時，並不是公司賺了大錢要擴編、要建廠，事實上那時甚至還發不出當月的薪水！」

　　出身於職業軍人家庭的葛董事長，家境清苦，自幼就是個懂事的好幫手。他回憶當年與母親一起做家庭代工的情景：「我幫著媽媽縫釘旗袍的亮片！那時候還小，蹲在被繡花架繃緊的布下面，媽媽從上面將針穿下來，我接下針後再往上穿回去。」從小就孝順、貼心的他也幫著父母做過鞋子、織過魚網，做過各式各樣的工作，自國小三年級就開始半工半讀地完成學業。從小父母就教育他們：要比別人更努力才會有機會，若是不努力的話，那麼你是一點機會都沒有的。刻苦的生活、積極正向的家庭教育，造就了他早熟、獨立、不怕困難的個性。

　　退伍後，進入知名日商企業工作，他毛遂自薦、向老闆提出想當業務員的想法。不到一個月的時間，他不僅將業績做到第一，還遙遙領先第二名的同事。請教其箇中訣竅，董事長說：「比別人更努力！」自認沒有過人背景，因此只能以勤補拙，他幾乎是一年三百六十五天全年無休地服務著客戶，甚至在晚間人手不足時，主動幫忙店家補貨、看店。他從不摸魚打混，時時巡查通路以瞭解市場狀況，留心自家產品的擺放位置、庫存數量。他的勤奮博得了客戶的信任，更證明了自己的能力。

　　之後葛董事長轉戰國產專業沙龍品牌擔任管理職，過程中他除了自我進修前往美國取得 MBA，也積極向全省髮廊推行管理教育，期待透過產業升級，**翻轉臺灣對於美髮、美容業的刻板印象**，並讓不瞭解自己工作性質的父母能以他為榮。

　　「當年很傻，只因為覺得對某些事情不滿意，認為自己有機會去改造、可以做得更好，憑著滿腔的理想與熱忱就創業了。」董事長說，決定創業時並沒有想太多，雖然那時無論是資金、人脈，與成熟的企業相比都有著很大的差距，不過經營管理與通路實戰經驗俱足的他，想要創業賺錢孝順父母、改善家境。因此在父親拿出自己棺材本的支持下，召集了三位好友，於 2002 年 3 月 8 日一起創立了屬於自己的公司。

　　當時尚未踏進綠色產業的他，最初的目標就是將國外優質的髮妝產品引進臺灣，讓臺灣的消費者能有更多、更好的選擇。一顆赤忱的心，簡單明瞭地表現在公司的英文名字 all right——無論什麼時候都要做對的事情上；而 logo 的設計，亦以明亮的橘色來呈現對理念的熱忱。不過由於產品沒有差異化，創業之路走得很是辛苦，甚至曾經歷過發不出員工薪水的窘境。

　　在此期間，父母接連因腎臟病與肺癌相繼逝世，大受打擊的他因此抑鬱了好長一段時間。直到有一天，意志消沉的葛董事長突然想起，父親在給他 100 萬元做為創業資金時曾告訴他的話：「將來你若是事業有成，但已沒有父母可以孝順時，就把孝心回饋給社會、回饋給國家吧！」

　　父母的病逝以及有著過敏體質、深受氣喘病症之苦的自己，讓他深刻體認到環境對健康的影響與重要性。雖然沒有環保相關的學歷背景、公司又正值存亡危機，但長期關注環保議題並擔任義工的葛董事長仍壯士斷腕，決定身體力行、加入環保行列，將環保理念融入自己企業的產品與服務中，進行綠色改造。他要幫助所有人遠離有毒重金屬與化學物質的危害，將綠色事業做為一生的志業。

上圖：MBA, Preston University, U. S. A. 畢業典禮。攝影‧歐萊德提供

下圖：2003 年於義大利洽談髮品業務。攝影‧歐萊德提供

1	2
3

1. 通往頂樓、素樸的清水模牆面上有著王文璨先生的畫像及 Jerry 之窗的介紹。

2.、3. 2006 年確立綠色目標，實踐「自然、純淨、環保」。攝影·歐萊德提供

　　醞釀了將近兩年，終於在 2006 年從國外的代理商轉型為自行研發符合環保髮妝產品的綠色永續創新企業。他將 logo 中那顆亮橘色的 O 換上了新綠，以地球綠化、永續創新為核心價值，開始他的綠色革命。

不忘父訓，一生懸命

　　葛董事長的環保，不是行銷包裝，更不是口號，而是在每一個層面努力貫徹著綠色理念。他所創建的歐萊德，不同於一般產品公司是告訴消費者自己的洗髮精裡有什麼，而是與消費者溝通裡面「不會有什麼」。歐萊德洗髮精所有的原料都來自天然農作物，包材則是可生物分解及環保回收的塑膠，他們更堅持著「8 Free」理念——無添加對羥基苯甲酸酯類防腐劑、硫酸鹽類界面活性劑、DEA 類增稠劑、塑化劑、染色劑、環氧乙烷衍生物、環境賀爾蒙、甲醛等化學原料。

　　「我們的產品流到河流裡，二十八天內可以分解 97%。這是禁得起實驗證明的。」董事長說。除此之外，甚至連瓶身與標籤紙也都使用環保油墨印

瓶中樹咖啡因洗髮精。

刷，包裝運送的箱子亦採用環保回收再製的材質，葛董事長要的就是這般，全面、真正的環保實踐。

相較於一般的髮妝產品，歐萊德使用天然原料、堅持環保製造流程，其生產成本至少比別人高出二十倍。「增加的生產成本剛好在行銷上省下來。企業做環保是可以讓股東跟消費者雙贏的！」葛董事長強調，想把事情做到好、做到極致，就必須思考「哪些事可以不用做」。因此歐萊德幾乎不做廣告、不花大錢找名人代言，而是善用產品本身的特殊意義、話題性及各個認證與獲獎榮耀，完全靠口碑來行銷。

2014 年歐萊德的「Recoffee 瓶中樹」，獲得了匹茲堡和紐倫堡兩大發明獎。這款洗髮精是以咖啡渣萃取出的油所製成，而使用過的咖啡渣就做為瓶子的原料，瓶蓋則是採用不需用二氧化硫漂白、只用火烤殺除蟲卵和增色的孟宗竹，皆可在土中完全分解。最特別的是瓶子底部設計了一個凹槽，放有兩顆可以種植的咖啡生豆，消費者使用完後將整個瓶身埋入土中，約半年後便能長出咖啡樹。

白色瓶身洗髮精，底部放的是相思樹種子。

　　另一款白色瓶身的洗髮精，瓶底放的是相思樹種子。「瓶中樹系列除了咖啡外還有相思樹種子，甚至還會因應不同國家的氣候去選擇適當的種子。」相思樹是臺灣主要造林樹種之一，亦是臺灣原生樹種當中吸碳量最強的樹，平均一棵相思樹的吸碳量大約是樟樹的五倍，瓶子同樣以廢棄蔬果及植物萃取澱粉為原料，以達到可在土中完全分解的目的。至於外銷海外的瓶中樹，歐萊德團隊則會先做生態圈調查，再詢問當地政府希望提供什麼種子。

　　「你有聽過賣洗髮精還要做檢疫的嗎？」董事長笑說，當地的海關都驚訝地告訴他們：「一般都是進口動、植物要做檢疫，洗髮精報檢疫你們是第一個，而且是世界唯一的一個。」

　　葛董事長說，在瓶底設計存放種子，是為了達到「完整循環」的概念。以咖啡為例，當咖啡種子生成咖啡樹，咖啡為人們飲用，留下的咖啡渣可以提煉製成洗髮精及瓶子。「之前在國外發表這項產品時，現場有位德國記者持存疑態度，向我們要了一瓶洗髮精。過了幾個月後他來信告訴我，他真的在柏林『種出咖啡樹』了！」

　　從推出的第一個產品、最早開始利用天然農作物取代石化品的髮妝品──綠茶洗髮精，到打開通往國際之門的「Recoffee 瓶中樹」，歐萊德至今已累積了約一百二十種產品品項，在全球四十個國家插旗，進駐各大城市的美髮沙龍。在這 10 餘年中，董事長從未有過一絲妥協，持續將綠色環保發揮到淋漓盡致：每個產品生命週期中的五個過程──原料取得、製造生產、運送銷售、消費者使用到廢棄回收，全程皆貫徹著品牌精神，引領上下游整體供應鏈共同完成綠色認證，生產出低碳又環保的產品。

左圖：比利時上市發表，歐萊德旗幟於當地飄揚升起。攝影・歐萊德提供

意志啟發成功，熱情持續永恆

「我認為環保是一種選擇，追求的並非是『有你就沒有我』。蔬菜依然可以吃，但記得將種子播種回去；魚可以捕，但請留下小魚；砍一棵樹之後，再種回一棵樹，在消耗後努力恢復平衡才是正確的觀念。畢竟我們還是會繼續耗碳，唯有尊重大自然才能讓環境永續。」就像是綠色傳道者般，葛董事長不僅製作綠色產品，也時時宣揚著綠色理念、做著綠色公益，讓綠色環保像呼吸般，在你我的生活中每分每秒地以現在進行式進行著。

2011 年，歐萊德響應世界自然基金會的「Earth Hour 地球一小時」關燈活動，號召企業、名人、政府、五千多家沙龍共同參與，為環境帶來真正的改變。在 2012 至 2015 年，更一連 3 年與荒野保護協會共同合辦，獲得上百位名人共同響應，每年超過五千家沙龍店客戶及十萬名設計師、超過百萬人透過臉書分享，用實際行動呼籲大眾共同關注節能減碳與地球暖化議題。

身為世界綠色公民的一員，葛董事長除了自 2010 年開始長期與臺大實驗林推動各項種樹、造林計畫外，更以實際行動邁向國際。「白俄羅斯首都明斯克的 Naroch 國家公園入口處有一塊免費提供給臺灣使用的土地，在那裡你可以看到臺灣的地圖。」董事長回憶著 4 年前在這陌生國度中發起的計劃。

2015 年，歐萊德與白俄羅斯經銷商發起一項「蘋果樹林培育計劃」，相約每年蘋果收成時要一起採收，將蘋果分享給當地孤兒院、貧困孩童與低收入居民。董事長說，在共產主義國家人民的觀念中，照顧弱勢是國家的事，所以當歐萊德在當地發起這項活動時，得到了非常熱情的回應。

右圖：2015 年於白俄羅斯國家公園入口處種下了一片蘋果樹。攝影‧歐萊德提供

　　董事長說要種樹的那天早上他去買樹苗，賣樹的店家對於亞洲人來這兒買樹苗滿是疑問，便詢問起買樹苗的目的，他將「蘋果樹林培育計劃」告訴店家，店家感動地堅持不收錢，並在將樹苗包好放入車上後告訴董事長：這個計劃算他一份！這個不分國界、滿懷愛的計劃，自那一刻起便已開始散播、蔓延……。

　　董事長在接受白俄羅斯唯一的官方電視臺採訪時提到：「每一顆種子都代表我們對大地的一份希望，我們盼望能從自身開始做起，為環境、為孩子播下綠色種子，為下一代創造永續美好的生活環境。」他真心期望，這些綠色的希望種子能夠成長茁壯、延續地球自然純淨的生命力，給孩子們一個更美、更好的未來。

做「對」的事，做「好」的企業

　　做一家很「綠」的公司會不會有壓力？不怕會失敗嗎？葛董事長說，因為他相信這是對的事，那麼只要專心將它做好，顧客自然會認同，所以即使困難、力量微小，也要堅持去做。他曾在「給年輕人的一封信」中提到：「意志啟發成功，熱情持續永恆！創業需要源源不絕的熱情，創業非僅為個人利益，而是為社會、為環境而努力。請謹記做『好』企業比做『大』企業更為重要。」

　　聚沙成塔、滴水成河，歐萊德在董事長的帶領下，至今已一點一滴地為地球減少 1,427,120Kg 的碳排放量，種下了 129,738 棵森林大樹（相當於三點八座大安森林公園的面積）。節能減碳、種樹造林，創造社會價值，為地球盡一份心力，為員工、客戶、企業以及社會帶來了新的價值觀。

　　結束訪談後在樓梯間拍攝，恰逢午餐時間，七、八位歐萊德的同事從樓上下來，大家此起彼落地笑問著需不需要亮一點後紛紛主動拿起手機，為初

歐萊德員工餐廳的食材，均來自當地小農所栽種的有機蔬果。

次見面的我們打光。一時間暖意襲來，再次仰望 Jerry 之窗，這光線幽微、靜
謐的天井讓我們感受到，有著良善理念、快樂員工、綠色商品的歐萊德，是
個愛意滿滿的公司。

> 偉大的事業根源於堅韌不斷地工作，
> 以全副精神去從事，不避艱苦。
> ──英國哲學家 伯特蘭 · 羅素

歐萊德國際股份有限公司
成立：2002 年
董事長：葛望平
桃園市龍潭區中豐路高平段 18 號
http://www.oright.com.tw

世界是一個回音谷，
念念不忘，必有迴響。
你大聲喊唱，山谷雷鳴，音傳千里，
一疊一疊，一浪一浪，
彼岸世界都收到了。
凡事念念不忘，必有迴響。

攝影‧銘宇提供

傳遞愛與希望的幸福銀行

「方憲瑞醫師，華泰文化吳茂根董事長、杜啟華總經理，盛新食品饒文雄董事長及其他恩人，在我遭遇困境時主動伸出溫暖雙手協助我、支持我，他們是我這一生重要的貴人，他們給予我的溫情，我永難忘懷。」

自創業的第一年開始，他就積極於社會公益：挹注家扶中心、照顧弱勢族群、堅持綠色環保……，經營的事業從建築專業跨足景觀、室內設計、餐飲、社會型企業、醫療等不同領域。他獲獎無數，從十大傑出青年、全國孝行、全國好人好事代表、新創事業獎、青舵獎、都市設計大賞到有美國商業界奧斯卡獎之稱的 The Stevie Awards（IBA 國際企業獎）。他是孩子與弱勢族群們的天使，他是身處艱困環境中仍不忘回饋社會、充滿熱情與熱忱的銘宇董事長楊博宇。

總是笑臉迎人、還不到 40 歲的楊董事長身兼數職，除了銘宇興業外他也是食藝餐飲的董事長、楊博宇建築師事務所的主持建築師，有著豐富的人生歷練與成功的事業。但來自臺東、原本家境富裕的他，卻曾在大二那年一瞬間從衣食無缺的優渥環境中跌入只有白飯配泡菜的日子。他回憶道：「有一天媽媽突然從臺東坐火車來看我們，告訴我們家裡經濟發生問題，要我們馬上去辦助學貸款。」

困境中的夢想

董事長說，從事景觀設計的父親有著藝術家性格，雖然不擅表達情感，但做事認真，非常孝順父母也很照顧員工。而也正因為父親負責任、講義氣，在公司財務出狀況時，朋友方憲瑞醫師在第一時間就立刻無條件地拿出 250

銘宇董事長楊博宇。

　　萬元幫助他們度過難關。而一手操持家務的母親，不論是照顧公婆或是督促孩子的學業，都親力親為、細心地照顧著一家人，遇到需要救助的人更是義不容辭地出錢出力。由於從小看著父母待人處事的身教、言教，身處環境優渥的三個孩子，並沒有養成驕奢的習性。

　　大二那年，父親在雲林的標案遭承包商捲款倒債，乍聽到母親宣布這個消息時，簡直是晴天霹靂、不知道如何去面對。他說當時三兄妹除了立刻去辦助學貸款外，也開始計劃如何開源節流、分擔家裡的債務。「我們什麼工作都想了，甚至還想過去當牛郎！」也許是過於震驚，酒店、加油站、KTV、餐廳……，只要是有可能的工作機會，兄弟倆都考慮過。

　　在經過一個星期的思考後，兄弟倆決定，既然要打工就應該以「夢想」為最終目標，讓打工賺錢的同時，更為自己的未來投資。因此，喜愛建築的董事長除了兼職家教、國際建築書報公司的工讀外也在建築事務所工作，而弟弟宗融則到喜歡的景觀公司上班。「我白天騎摩托車將進口的建築專書分送至各大事務所，也順便觀察他們。等到下班後，就留在事務所看些免費的專業書！」除了運用工作之便，他和弟弟每個月也會固定存錢，到臺大附近的舊書攤買與建築有關的二手書，一本幾百元甚至上千元的新書，他們幾十元就可買下。這些重要的 know how，讓他們得以在很短的時間內快速成長。

　　打工雖然讓兩兄弟朝著夢想一步步邁進，但 80 元的時薪終究無法平衡所需的開銷，於是兄弟倆便開始利用課餘時間參加競圖比賽。無論是臺科大、文化的圖書館或是住家附近的西湖圖書館都是他們的工作室，只要一有時間就在圖書館大量的閱讀、借書、畫圖。

　　對於參加的第一個比賽，董事長仍記憶猶新。那是桃園建商舉辦的庭園設計比賽，要為一個三米乘六米的基地做景觀設計。當時正值炎熱的夏天，董事長說：「熱得要命，我們只有四個人，在大太陽下搬樹、搬石頭，做到快中暑了！」別的隊伍大多是八至十人的組隊，但人越多分到的獎金相對地也就越少，為了能夠多拿些錢，他和弟弟只找了一位學弟和媽媽來幫忙。雖然辛苦，但第一次參賽就拿到了好成績，他們與臺大園藝系同分，拿下了第二名。

　　他與弟弟的全臺征戰之路自此開啟。從公廁、樹屋比到臺南成大醫院的大廳主牆，甚至還有競選文宣、公部門海報。「從大三開始一直到念完研究所，我們兩人拿過一百多張獎狀，獎金從幾千塊到 100 多萬元都得過。」當年為了賺錢，兩人瘋狂地參加競圖，不論案子大小、獎金多寡他們都報名參加，最高紀錄曾在一個星期內參加了二十幾場比賽。

　　由於案子越來越多，董事長便召集五、六位學弟組了一個團隊，與弟弟一起成立銘宇數位設計工作室，將住所的客廳權充為辦公室。雖然過程辛苦，

但也因為這些比賽的經驗及得獎作品，他和弟弟順利甄選進入了各自喜愛的學校攻讀碩士。兄弟兩人靠著上班、比賽賺獎金，妹妹在餐館打工，媽媽隻身在臺東夏天賣冰、冬天賣麵地做著小生意，一家人終於慢慢地擺脫了負債的危機。

即使身處困境也要幫助他人

2008 年畢業後，董事長用阿嬤給他的 100 萬元做為創業資金，設立了銘宇興業，承接建築設計工作。而在參與了「臺北縣碧潭風景區餐飲遊憩區委託營運管理」設計案後，從龐大觀光人潮中嗅到商機的他也進駐碧潭風景區，經營紀念品館。

「我是餐飲的門外漢也沒有資金，現在回想起來真不知當初是勇敢還是傻！」當時新店家扶中心有一群想找工作卻屢屢碰壁的青少年，董事長為了幫助這群孩子，有了開餐廳的想法。華泰文化杜啟華總經理知道他的想法後便去紀念品館看他，離開時在櫃檯放了一個裝有 70 萬元現金的合庫紙袋，事後打電話給董事長，讓他拿那筆錢做為開餐廳的資金。沒想到事隔一個禮拜後，華泰文化吳茂根董事長也匯了 200 萬元借給他。在所需資金到位後，於桃園從事團膳的盛新食品董事長饒文雄更是慷慨地將餐廳的經營管理、烘焙技術、設備採買、食材供應商等知識無條件傳授給他，經營餐廳的夢想這才得以順利實現。

原本只是單純出於服務社區的熱忱，想幫助家扶中心的弱勢青少年，提供他們打工賺錢、培養一技之長的機會。沒想到餐廳開始營運後，發現弱勢族群其實還有更多需要幫忙解決的問題。然而公益雖能救急，卻無法從根本上解決，唯有靠穩固且專業的運作模式，才有可能為社會創造正向循環。因此，他與夫人鄭惠如開始將夢想的層級從「社區」提高到「社會」。

在一家人的努力下，董事長將餐廳經營得有聲有色，二十坪大的空間、四十八個座位，一個月營業額最高竟可達到 250 多萬元。很快地，創業不到

3 年便將家裡的債務還清。正當建築事務所與餐廳都步上軌道時，不料卻在一日傍晚，在會議中接到來自碧潭拉麵屋店長的來電，哭哭啼啼地說著「大哥，阿姨昏倒了！」。由於母親之前並沒有什麼病史，他以為母親只是因為隔天的大型公益活動過於勞累，因此仍繼續開會。沒想到接著卻接到慈濟醫院的電話，告知母親的病情竟是死亡率高達 6 成、因腦動脈瘤破裂而造成的出血性中風。心急如焚的董事長丟下所有工作火速趕到醫院，看著血壓飆升至 222 mmHg 的母親，自己卻只能無助地守在病房外，看著醫護人員為母親做緊急救治。

在與臺東馬偕醫院副院長，同時也是資深腦神經外科的主治醫師聯繫後，他與弟弟、妹妹三人忙著辦理轉院、住院手續並聯絡親友，等到一切辦妥、主治醫師宣布病況時已是清晨四點。此時他才想起當日、幾個小時後還有一場公益活動。董事長說：「2010 年 1 月 26 日是我永生難忘的一天，媽媽病危、正躺在病床上等著做手術，而隔天卻還有一場大型的公益活動等著我們。」

Otto2 美學會館教學：招待家扶中心小朋友用餐。攝影・銘宇提供

　　為了招待家扶中心一百二十六位小朋友用餐及玩遊戲，一家人與員工、義工們已經籌備許久。為了不讓孩子們失望，兄妹三人雖然哭紅雙眼、擔心著母親的病況，仍強打起精神舉辦活動。當天，弟弟強顏歡笑地在舞臺上主持活動，妹妹在廚房邊掉淚邊做餐點，董事長則守在醫院聯絡活動事宜，同時努力安撫著弟弟妹妹的情緒。

　　家扶中心老師、主任，在活動結束後得知此事，便帶領著小朋友為董事長的母親禱告。回憶起那一天，他說自己已覺得金錢不再重要，生活和與家人的相處才是一切，同時也讓他決定要繼續幫助更多需要幫助的人。

　　樹大招風、店紅招忌，母親才逐漸恢復健康，碧潭又因生意太好而遭人覬覦。房東眼看 3 年租約到期，提出要將房租調漲為兩倍，還以要斷水斷電的方式脅迫他。不願屈服的董事長只好訴諸法律，與房東打官司。

　　「老天爺在關了一扇『窗』後，卻為我開了一扇好大好大的『門』。」董事長說當時餐廳無法營運，每個月背負著員工 20 幾萬元的薪水，還要兼顧設計案，妹妹又遭遇婚變，整個家庭再次陷入低潮。

結合大專生做公益：暑假招待家扶小朋友公益活動。攝影‧銘宇提供

　　失去辛苦經營了 3 年的餐廳，董事長並不氣餒。他重新布局，轉與百貨公司、大型量販店家樂福及美食街合作，經營御之饌日式拉麵屋、老饕牛排、食藝鍋……，短短 3 年內分店迅速拓展至二十餘間。同時，為了幫助妹妹走出陰霾，他將家裡的廚房改造為烘焙室。起初只是分送親友，並透過社工好友將蛋糕、麵包送給家扶中心課輔班的小朋友品嘗、或是送餅乾給設計案的客戶，沒想到竟頗獲好評，開始有人詢問是否可以訂購。幸運地，妹妹的烘焙品一炮而紅，創業第一年的中秋節，就接到爆量訂單。

擴大善的力量

　　原是餐飲門外漢的董事長經營餐廳 3 年多，就償清了家裡所有負債，但事業的成功遠比不上在持續不間斷的公益活動中，付出愛心所帶給他的感動與快樂。由於自己曾身處逆境，因貴人相助才得以實現夢想，再加上從小父母的身教、言教，因此從創業之初就開始回饋社會。

　　從最早公司營運還不穩定時每個月幾百塊錢的捐款，到碧潭的餐廳開始獲利、建築事務所工作步上軌道後的第一場公益活動──為弱勢族群設計觀光行程、提供免費餐飲服務，董事長持續並擴大著公益活動的規模與頻率。而在母親腦動脈瘤病發後，對於人生有了更深一層體認，於是在那年 5 月設立了「幸福食品」，每個月捐贈上萬元營收給社福機構、領養十多名國內孤兒，同時更免費提供數萬份的愛心待用餐給弱勢族群。

　　當公益逐漸成為事業的一部分，董事長也將回饋社會的理念貫徹在自己的企業之中。銘宇與食藝餐飲的員工聘用有近 6 成來自低收入戶、單親、精神障礙、更生人及家暴婦女等弱勢族群。「與高級連鎖餐飲企業相比，我的員工的外形可能不是那麼好看、沒有那麼優秀，但他們都秉持著『真誠』為每一位顧客服務。」

每逢假日即大排長龍的御之饌日式拉麵屋。攝影．銘宇提供

　　很多人都勸他不要雇用有特殊狀況的員工，但董事長認為許多事情不能只看表面，因為人並不是完美的，當別人需要工作時我們必須給對方一個機會。並且他也相信，只要好好認真去做，每個人都有翻轉的機會。因此每當員工因為講話結巴、動作慢或者手上的刺青而被顧客抱怨，要求老闆或店長出來道歉時，他都會耐心地解釋其背後的故事，在經由說明後，大部分的顧客都能接受，甚至反而會覺得很不好意思。而他和弟弟兩人也曾協助被家暴的外配員工搬家躲藏、陪負債累累的員工父親一起找工作，也幫助過在餐飲部上班的中輟生重新回到學校念在職專班……。

　　除了幫助弱勢族群，董事長也把員工當作一家人，除了薪資優於一般餐飲業之外，更設立幸福基金，提供員工急難時無息借用。他還與員工一起制訂「家族規章」，洋洋灑灑地列了三十五條，例如：「各店可訂定自治公約，在不違反公司規則下經總公司同意實施」、「同仁有經濟、學業、家庭上的

資深經理鄭詠翰表示在銘宇旗下工作很快樂也很能發揮所長。

銘宇堅持綠建築、提供顧客無毒健康的用餐環境 (食藝鍋板橋店)。

困難時，主管要主動了解並回報總公司啟動幸福基金。」、「颱風天上班當日薪水為平日兩倍，且搭計程車上下班的費用可向公司申請」、「叫大哥『老闆』要罰 1000 元，存入店內自治基金」……。被員工們稱為「大哥」的他打趣地說：「我讓所有人一起自訂規章，只保留一條給我。大家想了一個多月都高興寫完後，我只加上短短的一句：『大哥永遠是對的』，然後放在第一條。哈哈！」

　　由於對所有員工一視同仁、真誠地對待，使得許多員工一做就是 8、9 年。董事長說：「許多員工來自於弱勢族群，雖然學歷不高，但學歷不等於能力，他們很懂得如何去幫助、關心別人。」他帶著員工一起做公益，員工對公司的凝聚力擴大了善的力量、形成善的循環，而這才是真正解決社會問題的方法。

結合科技，落實綠色環境

　　「我用建築的理論做餐飲。」董事長表示在他眼裡，蓋一座房子和煮一碗麵是一樣的，都由一個又一個動作堆砌起來，只要能以電腦優化系統架構就能夠有更多的競爭力，而其中的關鍵就是 ICT 科技。他為旗下餐廳建立了「安心雲」系統，上傳所有食材的來源，讓每個顧客都能透過網站檢視麵條、湯頭、蔬菜、蛋肉類等食材的詳細資訊，以利監督上游供應商，一旦出現問題食材便可針對其產品立即下架。

　　而員工的排班及教育訓練，他也運用 ICT 科技達到符合環保的有效管理。透過線上排班系統，員工可藉由手機線上排班，系統會依照勞動法令於固定天數後自動排休，控管餐廳人力的同時也避免發生超時問題。對於新進員工的訓練，則簡化餐飲流程後將其製成影片，數位雲端學習系統讓員工可以重複觀看、快速學習所需技能及專業。

　　此外，研究所專攻生物環境系統工程、綠建築的董事長堅持給顧客最健康的環境，因此每間餐廳都使用無毒健康的綠建材。有可能造成環境汙染、影響人體健康的建材一律不採用。在廢水處理上，他自行設計截油槽，把碗盤上的油汙先過濾掉後，再把廢水排到排水系統，就連洗滌碗筷也只使用對環境無汙染的洗潔精。

　　「不只對人，對環境也要友善。」熱衷公益的董事長認為幫助弱勢族群與友善環境同樣重要。旗下的食藝餐飲成為臺灣第七家通過認證的 B 型企業，同時也是亞太區 B 型企業認證分數最高的中小企業，於 2016 年以一百六十二的最高分取得「國際 B 型企業」亞太區第一家連鎖餐飲認證，這些在在都體現了他對於環境、對於員工的重視與關懷。繼取得 B-Lab 認證後，董事長夫婦也獲得美國國務院甄選、代表臺灣參加第七屆全球創業高峰會，這是臺灣首度有企業家榮獲美國總統歐巴馬接見，實乃為國爭光。

　　楊董事長自 2009 年至今已舉辦過上百場的公益活動，即使是在母親無預期病倒、最煎熬的時候，他和家人對弱勢族群的幫助也始終沒有放棄、間斷

楊董事長與夫人參加第二屆 B 型企業年會。攝影・銘宇提供

過，一直持續回饋著社會。目前仍提供著低收入家庭及家扶中心愛心待用餐的董事長，希望能拋磚引玉，讓其他連鎖企業一起投入公益事業，不再以公司獲利為唯一目的，而是能以社會安定為利，實現共好社會為目標。

有勇氣正視現實，有勇氣迎接挑戰的人，才能真正實現超越自我的目標，達到卓越的境界。

—— Google 前中國區總裁 李開復

銘宇興業有限公司
成立：2008 年
創辦人：楊博宇
新北市新店區安德街 161 號 1 樓
http://www.mingyung.com

傳遞愛與希望的幸福銀行
銘宇 Ming Yung

1
2
3

1. 贊助日本、吉爾吉斯、臺灣國小足球隊與家扶中心孩童足球聯誼賽。

2. 重新家扶課輔班致贈感謝狀。

3. 楊董事長與夫人 (左一)、弟弟、弟妹榮獲 2017 年新創事業獎。

攝影‧銘宇提供

成功，與高手同行

從夢想到成功創業的路上

作者：中小企業信用保證基金
攝影：許明正、劉建良
責任編輯：閻揚
封面設計：謝富智
出版者：沐春行銷創意有限公司
臺北市文山區興德路 64 巷 17 號 1 樓
TEL：(02)89351518 FAX：(02)29341918
版權所有　翻印必究

總經銷：楨彥有限公司
新北市新店區寶興路 45 巷 6 弄 7 號
TEL：(02)8919 3369 FAX：(02)8914 5524

初版一刷：2019 年 3 月 22 日
定價：新台幣 350 元

Printed in Taiwan

國家圖書館出版品預行編目

成功，與高手同行：從夢想到成功創業的路上 / 中小企業信用保證基金 著
——初版 . ——臺北市：沐春行銷，2019.03
面；　公分 .
ISBN 978-986-94848-1-7（平裝）1. 創業 2. 中小企業
490.99　108001975

Vision

Vision

Vision

Vision